工程卫士
建设发家

王早生

二〇二二年八月十六日

2023 中国建设监理与咨询

—— 全国建设监理协会秘书长工作会议（长沙）

主编　　中国建设监理协会

中国建筑工业出版社

图书在版编目（CIP）数据

2023中国建设监理与咨询. 全国建设监理协会秘书长工作会议（长沙）/ 中国建设监理协会主编. —北京：中国建筑工业出版社，2023.6

ISBN 978-7-112-28766-6

Ⅰ.①2… Ⅱ.①中… Ⅲ.①建筑工程—监理工作—研究—中国 Ⅳ.①TU712.2

中国国家版本馆CIP数据核字（2023）第099117号

责任编辑：费海玲 焦 阳 陈小娟
文字编辑：汪箫仪
责任校对：芦欣甜
校对整理：李辰馨

2023 中国建设监理与咨询
——全国建设监理协会秘书长工作会议（长沙）
主编 中国建设监理协会
*
中国建筑工业出版社出版、发行（北京海淀三里河路9号）
各地新华书店、建筑书店经销
北京雅盈中佳图文设计公司制版
天津图文方嘉印刷有限公司印刷
*
开本：880 毫米×1230 毫米 1/16 印张：7¹/₂ 字数：300 千字
2023 年 6 月第一版 2023 年 6 月第一次印刷
定价：35.00 元
ISBN 978-7-112-28766-6
（41198）

目录 CONTENTS

《工程监理职业技能竞赛指南》验收会在合肥顺利召开

2023年2月23日，《工程监理职业技能竞赛指南》课题验收会在合肥顺利召开。中国建设监理协会会长王早生，安徽省住房和城乡建设厅党组成员、副厅长刘孝华，安徽省人力资源和社会保障厅人力资源流动管理处二级调研员康平出席会议。中国建设监理协会专家委员会副主任杨卫东、河南省建设监理协会会长孙惠民、武汉市工程建设全过程咨询与监理协会秘书长陈凌云、广东工程建设监理有限公司总工程师周忽湘、中国建设监理协会副秘书长王月担任验收评审专家，课题组负责人苗一平与20余位专家参加了会议。本次会议由中国建设监理协会副秘书长王月主持。

中国建设监理协会会长王早生首先对安徽省住房和城乡建设厅、安徽省人力资源和社会保障厅的大力支持表示感谢，对安徽省建设监理协会牵头的编写组对待工作的认真和指南编制工作的细致表示肯定。本课题为推动行业进一步"补短板、扩规模、强基础、树正气"提供了助力。希望通过课题成果的推广，提升监理企业和从业人员各项素质水平，切实履行"工程卫士、建设管家"的职责。

课题编制组代表翟合欢，从课题研究背景及目的意义、课题组人员及分工、课题研究过程和课题主要内容四个方面向验收组进行了汇报。

验收组专家听取汇报后，认为课题研究成果结构合理、内容完善，具有指导性、操作性和创新性，为政府部门、群众组织、行业协会开展工程监理职业技能竞赛活动提供标准依据，填补了工程监理职业技能竞赛标准的空白，达到国内领先水平。对监理行业人才的培养选拔和技能提升、促进监理行业高质量发展具有推动作用。

中国建设监理协会副秘书长王月做会议总结，希望课题组会后根据验收组专家和兄弟协会建议和标准要求，提高站位角度和课题层次，在课题宽度、深度上进一步打磨，将课题转换为全国可复制、可推广的竞赛模式。

中国建设监理协会化工监理分会2023年《化工石油工程》编写工作第一次会议在浙江安吉顺利召开

2023年3月9—10日，中国建设监理协会化工监理分会2023年《化工石油工程》编写工作第一次会议在浙江安吉顺利召开。

会议由中国建设监理协会化工监理分会会长王红主持，中国建设监理协会副会长兼秘书长王学军、中国建设监理协会化工监理分会顾问余津勃等领导出席会议并讲话。编写委员会及相关人员共30余人参加了会议。

会议承办方浙江南方工程咨询管理有限公司总经理刘金岩、浙江华建工程管理有限公司董事长赵志红致欢迎辞。会议对注册监理工程师继续教育修编教材《化工石油工程》初稿进行了审定，对《化工石油工程》教材下一步编写章节内容进行了布置。

中国建设监理协会副会长兼秘书长王学军对《化工石油工程》教材修编工作给予了充分肯定，并提出修编工作要坚持三点：一要有利于监理公司熟悉掌握新材料、新工艺、新技术和新的管理方式；二要以施工阶段监理为主，有利于做好监理工作；三有利于更好地促进监理履职，保障工程质量安全，尤其是做好关键环节的监理工作。会上，与会代表针对《化工石油工程》的修编思路，以及目前章节内容充分展开了讨论并提出了合理化的建议。

中国建设监理协会化工监理分会会长王红综合大家意见，在总结讲话中对教材修编工作提出七条思考与建议：一是确定教材的定位，该书为化工石油工程专业注册监理工程师继续教育用书；二是要借鉴其他专业的编写方法并创新，结合化工专业实际，增加全过程项目管理内容，增强教材的实用性；三是将重复内容进行合并，引用规范要简洁明了；四是教材框架设置要科学、条目要合理；五是"施工技术"名称待确定，内容写多少，"五新技术"是否融进教材需要研究确定；六是案例格式要统一；七是教材要有安全管理、信息化管理、智慧化监理等方面的知识。希望编委会全体人员继续努力，不负行业重托，全力做好修编工作。

（中国建设监理协会化工监理分会 供稿）

重庆市建设监理协会第六届第一次会员代表大会暨第六届理事会第一次会议圆满顺利召开

2023年2月3日，重庆市建设监理协会第六届第一次会员代表大会暨第六届理事会第一次会议在重庆圆满顺利召开。

重庆市住房和城乡建设委员会党组成员、副主任、一级巡视员吴波，中共重庆市住房和城乡建设行业社会组织综合委员会专职副书记任强，重庆市民政局社会组织管理局副局长张小勇，以及重庆市住房和城乡建设委员会建筑业管理处处长林世飏、质量安全处副处长许伏海，重庆市住房和城乡建设工程质量总站站长谢天，重庆市建设工程施工安全管理总站站长王春萱出席了会议。

中国建设监理协会副会长、重庆市建设监理协会会长雷开贵代表第五届理事会作《第五届理事工作报告》，副会长胡明健作《第五届理事会财务报告》，秘书长谭敏宣读《章程》修订案及《第六届理事会换届选举方案》。

大会审议并通过《第五届理事工作报告》、《第五届理事会财务报告》、《章程》修订案、《第六届理事会换届选举方案》；表决选举产生第六届理事会，第六届理事会第一次会议以无记名投票选举产生了第六届常务理事、正副会长、秘书长。冉鹏当选为第六届理事会会长，冉龙彬、周能康、竹隰生、汪平、赵清献、王英章、何常富、何文昌当选为副会长，胡明健当选为秘书长。

（重庆市建设监理协会 供稿）

湖北省建设监理协会第七届会员大会第一次会议暨七届一次理事会圆满召开

2023年3月17日上午，湖北省建设监理协会第七届会员大会第一次会议暨七届一次理事会在武汉圆满召开。中国建设监理协会王早生会长、湖北省社会组织管理局朱亮副处长、省住房和城乡建设厅建筑市场监督管理处一级主任科员高峰同志亲临会场并作了重要讲话。协会副会长汪成庆主持会议。

大会通过举手表决方式，一致通过《六届理事会工作报告》《六届理事会财务工作报告》《协会七届理事会、监事会人员组成方案》《选举办法》、唱票人、计票人、监票人名单。以无记名投票方式通过了《协会章程》《协会收费标准》和协会七届理事会成员。

陈晓波当选为七届理事会会长并作就职发言。

中国建设监理协会王早生会长在讲话中分析了行业的改革趋势，强调注重信息化应用、企业改制、共生共赢、全咨专业拓展等都在促进企业高效发展、提升企业核心竞争力方面发挥着举足轻重的作用，是企业实现长期持续发展的重要驱动力，也是实现标准化、

规范化发展的必由之路。并对下一步工作提出了三点要求：一是贯彻新发展理念，构建新发展格局；二是加强行业信息化能力建设，引领监理行业高质量发展，以数字化、网络化、智能化转型推动监理行业实现质量变革、效率变革、动力变革等新的管理服务模式；三是"补短板、扩规模、强基础、树正气"，不断建立和完善自律机制，推动行业诚信建设，提高从业人员综合素质，为业主把好关，做名副其实的工程卫士、建设管家。

（湖北省建设监理协会 供稿）

天津市建设监理协会第五届一次会员代表大会暨五届一次理事会隆重召开

2023 年 3 月 30 日下午，天津市建设监理协会第五届一次会员代表大会暨五届一次理事会在天津政协俱乐部隆重召开。中国建设监理协会副会长李明安、天津市住房和城乡建设委建筑市场处副处长金伏出席大会并讲话。协会会员代表 132 人参加会议，中国建设监理协会及全国各地区兄弟协会、天津市专业协会共计 33 家协会发来贺信，对本次大会的召开表示祝贺。大会由协会副秘书长赵光琪主持。

天津市建设监理协会第四届理事会理事长郑立鑫作《第四届理事会工作报告》，郑国华监事长作《第四届监事会工作报告》，副理事长庄洪亮作《第四届理事会财务报告》。

大会以举手表决方式审议通过了天津市建设监理协会第四届理事会工作报告、监事会工作报告、财务工作报告、修改协会章程的议案、第五届会员代表大会理事选举方法、监事选举办法；以无记名投票方式表决通过了《天津市建设监理协会会费缴纳及使用管理办法的议案》《关于推荐天津市建设监理协会第五届理事会理事人选的议案》《关于推荐天津市建设监理协会五届会员代表大会监事会人选的议案》《关于天津市建设监理协会第五届理事会负责人人选的议案》。

第五届一次会员代表会以无记名投票方式选举产生了第五届理事会理事长、副理事长、秘书长。吴树勇当选为第五届理事会理事长，裴景辉、王少强、庄洪亮、郑国华、唐文军、王剑、许梦博、孙彰林、肖辉、何朝辉、姜晓峰、赵光琪当选为副理事长。会议决定聘任赵光琪为秘书长。石嵬当选为第五届监事会监事长，刘德海、秦莉当选为监事。

第五届理事会理事长吴树勇代表新一届理事会发表讲话。对协会未来五年的发展思路提出了六点规划。

中国建设监理协会副会长李明安作了重要讲话，对天津市建设监理协会取得的各项工作成绩给予了充分肯定，并结合监理行业发展新形势提出三点建议。一是要强化协会服务职能。协会要提高服务质量和水平，拓宽服务领域，创新服务方式，搭建好经验交流平台。引领会员在开展好监理业务的基础上，积极开展全过程工程咨询，为建设方提供多样化的服务，及时反映会员诉求，解决会员需求。二是要强化监理人员的培训。协会要搭建好监理人员培训交流平台，定期或不定期举办项目总监、专业监理工程师及相关咨询专业人才的培训和交流，加强相关知识的学习，培养一批符合监理与全过程咨询需求的综合性人才，为会员人才培养做好服务和支撑。三是要强化信息化能力的建设。引领工程监理行业综合应用大数据、互联网、人工智能技术，推动工程监理行业自我完善、自我更新、自我升级，提升工程监理与咨询服务的信息化服务水平，为建设方提供增值服务。

（天津市建设监理协会 供稿）

云南省建设监理协会七届三次会员大会召开

2023 年 2 月 24 日，云南省建设监理协会第七届三次会员大会在昆明召开。云南省住房和城乡建设厅建筑市场监管处副处长马兴文，工程质量安全监管处副处长余畅到会指导并讲话。协会会长杨丽、党支部书记兼副会长王锐及副会长李彦平、张剑、郑煜、黄初涛、陈建新、秘书长姚苏容出席了会议，监事长胡文琨和监事会成员列席会议。130 家会员单位共 149 位会员单位代表参加了大会。大会分别由李彦平和姚苏容主持。

大会按程序听取了协会党支部书记兼副会长王锐同志所作的题为"践行二十大 奋进新征程"的党支部年度工作报告。以举手表决的方式审议并通过了七届理事会《2022 年工作报告及 2023 年工作计划》《云南省建设监理协会 2022 年财务报告及 2023 年财务预算方案、昆明监协职业技能培训学校有限公司 2022 年财务报告及 2023 年财务预算方案》《2022 年会员单位入、退会情况》《2022 年副会长、常务理事、理事调整名单》《2022 年监事会工作报告》，按省民政厅和协会章程规定程序，以无记名投票方式获得 124 票同意通过了《云南省建设监理协会 2021 年会费标准调整方案》。

分组讨论会上，参会代表围绕行业现状，结合企业自身遇到的全过程工程咨询、监理费收取、监理招标文件中招标人强加的不公平条款、低价招标、一体化平台、监理人员业务培训、资质升级等难点、痛点问题提出了意见和建议。邀请了企业代表作主题分享。副会长黄初涛、陈建新、李彦平就各组讨论的情况向大会作了汇报。

杨丽会长根据议程作大会总结。

（云南省建设监理协会 供稿）

安徽省第二届工程监理职业技能竞赛决赛圆满收官

2023 年 3 月 20—21 日，安徽省第二届工程监理职业技能竞赛（以下简称"竞赛"）决赛在安徽省安庆市盛大举办。

来自全省各地市的 17 支代表队及海外团队、200 余名选手齐聚赛场，同台竞技，展示精湛的行业技能和优秀的职业素养，呈现出新时代安徽监理技能人才的优异风采。安徽省建设建材工会（文明办）主任、一级调研员程德旺，安徽省住房和城乡建设厅建筑市场监管处二级调研员辛祥，安徽省建设建材工会（文明办）四级调研员邱亮，安庆市住房和城乡建设局党委委员、总工程师李远东，安徽省建设监理协会会长苗一平，各市建设主管部门，协会部分副会长出席开幕式。

本次竞赛由安徽省住房和城乡建设厅、安徽省总工会主办，安徽省建设监理协会、安徽省建设工程项目管理协会、安庆市住房和城乡建设局承办，设置 3 项组别个人赛及 1 项团队赛。涌现出一批监理行业能工巧匠，检验了安徽省监理行业队伍的整体技能水平，充分展现当代安徽监理人良好的职业形象和精神风貌。

经过客观题、主观题、抢答题，理论＋实操的激烈角逐，裁判的客观评审，最终决出了注册监理工程师、专业监理工程师、监理员以及项目监理团队一、二、三等奖及优秀奖。

竞赛大力宣传和传承工匠精神，彰显了对技能人才的认可与尊重，激发了参赛选手的荣誉感、责任感和使命感。让我们以竞赛优秀选手为榜样，对齐标准补短板，对齐标杆提水平，努力促进个行业水平提升，为加快推进建设监理行业高质量发展作出更大贡献！

（安徽省建设监理协会 供稿）

河南省建设监理协会青年经营管理者工作委员会一届一次会议在郑州召开

2023 年 3 月 21 日，河南省建设监理协会青年经营管理者工作委员会第一届委员会第一次全体会议在郑州召开。协会会长孙惠民出席会议并讲话，秘书长耿春主持会议，副秘书长杨春爱、张清出席会议。委员会全体成员参加会议。

成立青年经营管理者工作委员会是协会经过深思熟虑做出的重要决定，旨在通过工作委员会这种机制和平台，让青年经营管理人才交流互鉴，共同成长，一起进步，努力发展成为河南建设监理经营管理方面的高级梯队人才，在行业内拥有广泛的影响力，产生强劲的推动力，成长为行业的排头兵，为河南省建设监理行业的发展发挥更大的作用。

孙惠民会长在讲话中勉励青年经营管理人才要紧跟时代步伐，投身行业实践，抢抓历史机遇，努力创造无愧于时代、无愧于社会、无愧于青春的辉煌业绩！就行业青年经营管理人才的成长，孙惠民会长提出殷切希望：一要刻苦学习本领，树立"终身学习"的理念，把学习当成一种生活方式和生活态度；二要勇于担当作为，要到生产一线、经营前沿、重点项目等岗位上，积累经验，实打实、硬碰硬地锻炼，经风雨、见世面、长才干；三要强化作风建设，要养成严谨务实的作风，高标准严格要求自己，用心做事、用心付出，把事情做到精益求精。同时，要强化自身修养，正心明道，当老实人、讲老实话、做老实事，把工作当事业做，在各自的岗位上干出不平凡的业绩来，忠诚企业，热爱企业，回报企业。

会议表决通过了协会《青年经营管理者工作委员会工作办法》。以无记名投票表决选举产生了青年经营管理者委员会负责人。河南宏业建设管理股份有限公司总经理张飞当选主任委员，冯月、王鹏辉、蒋青松、朱新雨、郭建辉、周经纬当选副主任委员。

（河南省建设监理协会 供稿）

武汉市监理咨询行业掀起学习宣传贯彻党的二十大精神热潮

党的二十大召开以来，武汉市监理咨询协会紧紧围绕学习宣传贯彻党的二十大精神这一首要任务，引领监理咨询行业在学、悟、干上出实招，迅速掀起学习贯彻党的二十大精神热潮。

2023 年 3 月 8 日下午，协会特邀中共武汉市委党校薛金华教授走进行业，为全市监理咨询行业党员群众开展了一次以《以中国式现代化推进中华民族伟大复兴》为题的党的二十大精神宣讲活动。协会会长、副会长、监事长、党支部委员、全体常务理（监）事单位党组织书记秘书处、会员企业党员群众代表等共计 90 家企业、500 余人参与此次线上线下学习。

武汉市监理咨询行业党员群众纷纷表示要在全面学习、全面把握、全面落实上狠下功夫，认真领会党的二十大提出的新思想新论断、作出的新部署新要求，牢记"三个务必"，踔厉奋发、勇毅前行，以昂扬的精神状态、务实的工作作风抓好党的二十大决策部署贯彻落实，为推进监理咨询业高质量发展不断展现新担当新作为。

（武汉市工程建设全过程咨询与监理协会 供稿）

全国建设监理协会秘书长工作会议在长沙顺利召开

2023 年 3 月 23 日，全国建设监理协会秘书长工作会议在湖南长沙顺利召开。中国建设监理协会会长王早生、副会长兼秘书长王学军、副会长李明安、副秘书长温健出席会议，湖南省住房和城乡建设厅党组成员、副厅长宁艳芳到会并致辞。各省、自治区、直辖市建设监理协会，中国建设监理协会各分会，有关行业建设监理专业委员会及副省级城市建设监理协会秘书长等 60 余人参加了会议。会议由副秘书长温健主持。

广西建设监理协会、湖南省建设监理协会、武汉市工程建设全过程咨询与监理协会，分别介绍了他们在强化协会党建工作，加强诚信体系建设，推进标准化建设，规范会员行为，提升为会员服务质量，发挥桥梁和纽带作用，促进行业高质量发展等方面的做法和经验。

协会有关部门就会员业务培训工作、行业宣传工作、协会成立 30 周年暨监理制度建立 35 周年庆典活动安排作了说明。

副会长兼秘书长王学军就 2023 年秘书处工作作了具体布置。从服务会员、规范管理、促进行业高质量发展三个方面对共同做好秘书处工作、圆满完成协会 2023 年各项任务，提出了希望和要求。

会长王早生作会议讲话。他强调，秘书处要结合各地实际情况，发挥主观能动性，积极开展工作；要积极发展单位会员，提升为会员服务的能力，增加服务项目；要加强信息化建设，推进信息化在监理行业的应用，提高监理效率；要加强培训和宣传，针对地域和行业的差异性进行分类指导，提升监理人员业务素质，发挥监理的重要作用。他表示，欢迎各地方协会和行业专业委员会积极参加协会活动，共同努力，更好地为党和政府、为行业、为会员服务，引导监理行业高质量发展。

副秘书长温健作会议总结。他表示，监理行业要加强调研、加强法制、加强党建和培训，共同推动监理行业发展和提升监理行业形象。强调了行业调研的重要性，真实的调研数据能更好地为行业政策性文件的修订提供重要依据。

关于印发《中国建设监理协会2022年工作情况和2023年工作安排》的通知

中建监协〔2023〕16号

各省、自治区、直辖市建设监理协会，有关行业建设监理专业委员会，各分会：

《中国建设监理协会2022年工作情况和2023年工作安排》已经中国建设监理协会六届七次理事会审议通过，现印发给你们，供参考。

附件：中国建设监理协会2022年工作情况和2023年工作安排

中国建设监理协会

2023年3月13日

抄送：会员单位

附件：

中国建设监理协会2022年工作情况和2023年工作安排

中国建设监理协会会长 王早生

各位理事、监事：

受理事会委托，现将协会2022年主要工作情况和2023年工作安排报告如下：

第一部分：2022年工作情况

2022年，是不平凡而又重要的一年，党的二十大胜利召开，我们向全面建成社会主义现代化强国的第二个百年奋斗目标不断迈进。中国建设监理协会在中央和国家机关行业协会商会第一联合党委、住房和城乡建设部的指导下，在行业专家及广大会员单位的大力支持下，坚持以习近平新时代中国特色社会主义思想为指导，深入学习宣传贯彻党的二十大精神，紧紧围绕行业发展和协会工作实际，坚持稳中求进、守正创新，如期完成年度各项工作。

一、会员管理与服务工作

（一）会员发展与会员管理

根据《中国建设监理协会章程》《中国建设监理协会会员管理办法（试行）》，2022年协会共发展九批个人会员，共计7331人；共发展四批单位会员，共计103家。截至2022年12月，协会共有单位会员1360家（含62家团体类单位会员），个人会员146637人。

为提升会员服务信息化水平，提高服务效率，协会年初完成会员系统升级，单位会员实现网上缴纳会费并实行电子会员证书，会员信用自评估、"鲁班奖"及"詹天佑奖"通报工作实现网上填报。

（二）推进行业诚信自律建设

协会为维护监理市场良好秩序，推进工程监理行业诚信发展，构建了以信用为基础的自律管理机制。2022年协会继续开展单位会员自评估活动，信用评估参与率达80%。

（三）提升会员业务水平

1. 为加强中国建设监理协会个人会员业务辅导活动管理，保证会员业务辅导活动质量，适应当前疫情防控工作需要，促进业务辅导活动工作健康发展，协会印发了《中国建设监理协会会员业务辅导活动管理办法》，以省（行业）为单位采取集中辅导方式开展业务辅导活动。

2. 做好监理人员学习丛书编写工作。目前已完成丛书序言编写、出版合同签订以及《全过程工程咨询服务》《建设工程安全生产管理监理工作》《施工阶段项目管理实务》等丛书的修改联系工作。其中《全过程工程咨询服务》已于2022年9月出版，并作为会议资料赠送给参加中国－东盟工程监理创新发展论坛的参会代表。

3. 购买河南省建设监理协会监理知识竞赛题库，充实会员"学习园地"内容。

（四）做好参与"鲁班奖"和"詹天佑奖"监理企业和总监理工程师的通报工作

在地方和行业协会对参建"鲁班奖""詹天佑奖"工程项目的监理企业和总监理工程师统计的基础上，协会组织完成了对参建2020—2021年度中国建设工程鲁班奖（国家优质工程）工程项目、第十九届中国土木工程詹天佑奖工程项目的监理企业和总监理工程师的通报工作。

（五）会费收支情况

2022年1—12月协会会费收入18899450元，其中，单位会员会费收入2856750元，占会费收入的15.12%；个人会员会费收入16042700元，占会费收入的84.88%。

2022年1—12月协会会费支出11636431.38元，其中业务活动成本支出4181397.72元，占会费支出的35.93%；管理费用支出7455033.66元，占会费支出的64.07%。

二、政府部门委托工作

（一）积极配合业务指导部门工作

1. 收集整理监理企业应对疫情有关情况，草拟关于疫情对监理企业影响的报告，并报住房和城乡建设部市场司。

2. 收集整理《关于组织申报和遴选确定投资建设数字化转型项目工作方案征求意见》的意见建议，经住房和城乡建设部市场司同意，报送国家发展改革委投资司。对符合要求的企业做好投资建设数字化转型项目推荐工作，协助进入投资建设数字化转型项目备选目录的企业做好后期申报工作。

（二）做好政府部门委托的监理工程师考试相关工作

组织完成2022年监理工程师学习丛书的修订、出版发行工作。

组织做好2022年全国监理工程师职业资格考试（含补考）基础科目一、基础科目二和土木建筑工程专业科目的相关工作。2022年，土木建筑工程专业报考人数近30万人，6万余人通过考试。

三、促进行业发展方面

（一）做好行业理论研究

2022年协会新开设6项课题研究。《工程监理行业发展研究》课题由北京交通大学牵头开展研究，旨在通过分析工程监理行业发展情况，探究工程监理行业发展面临的机遇和挑战，提出促进工程监理行业发展的政策措施建议；《工程监理职业技能竞赛指南》由安徽省建设监理协会牵头开展研究，课题旨在解决工程监理职业技能竞赛活动的高质量与规范性问题，为开展工程监理职业技能竞赛活动提供系统性和具有一定指导性的合规、通用的操作标准；《监理人员自律规定》由河南省建设监理协会牵头开展研究，课题旨在加强监理人员从业规范和行业自律管理，规范监理人员的职业道德和服务意识；《监理工作信息化标准》由陕西省建设监理协会牵头开展研究，课题旨在规范工程监理单位监理工作信息化系统建设、促进监理工作信息化的规范化标准化；《工程监理人员履职尽责管理规定》由广东省建设监理协会牵头开展研究，课题聚焦监理人员在建设工程质量安全管理领域应履行的法定责任问题，从结合行业实际情况分析工程监理人员履职过程中应承担的责任和法律风险，制定工程监理从业人员依法履职尽责的行为标准和政府行政主管部门依法管理要求，探索研究工程监理人员按照法定条件和程序履职情况下，可免除法律责任或减轻责任追究的必要条件；《工程监理企业复工复产疫情防控操作指南》由武汉市工程建设全过程咨询与监理协会牵头开展研究，课题旨在通过研究监理企业复工复产疫情防控的法律依据和政策规定，结合全国各地疫情防控形势和相关要求，在做好监理企业自身复工复产疫情防控的基础上，规范现场监理防疫工作行为，做好监理服务在疫情防控中的相关工作，规避疫情带来的监理风险，进而展示监理人的执业智慧、服务价值、行业担当，推动行业健康发展。

截至2022年12月，《监理人员自律规定》《监理工作信息化标准》《工程监理人员履职尽责管理规定》《工程监理企业复工复产疫情防控操作指南》四项课题均已通过验收。

（二）推进行业标准化建设

2022年2月，协会印发试行《施

工阶段项目管理服务标准》和《监理人员职业标准》。

2022 年，协会开展了《城市道路工程监理工作标准》《市政工程监理资料管理标准》《城市轨道交通工程监理规程》《市政基础设施项目监理机构人员配置标准》四项试行标准转团体标准研究工作，均已顺利通过验收。

2022 年，协会开展了《建筑工程监理资料管理标准》《建筑工程项目监理机构人员配置导则》《建筑工程监理工作标准》等团标发布审核工作。

2022 年 11 月，《家装监理实施指南》课题结题，同时建立家装监理联盟，推动"家装监理"平台建设。

（三）组织热点交流，助力行业高质量发展

1. 组织召开"巾帼建新功，共展新风貌"第二届女企业家座谈会。2022 年 8 月 25 日，由中国建设监理协会主办、安徽省建设监理协会协办、安徽省志成建设工程咨询股份有限公司承办的第二届女企业家座谈会在安徽合肥顺利召开。来自全国 12 个省市的 20 余名女企业家参加会议。会议主要围绕企业管理、信息化应用、智慧监理、履行社会责任等方面的创新实践经验进行交流。

2. 组织召开监理企业诚信建设与质量安全风险防控经验交流会。为深入推进工程监理行业信用体系建设，筑牢质量安全风险防控意识，营造诚信自律、规范和谐的市场氛围，提高监理服务质量和保障投资效益，2022 年 8 月 23 日，由中国建设监理协会主办、安徽省建设监理协会协办的"监理企业诚信建设与质量安全风险防控经验交流会"在合肥召开。来自 18 个省、6 个行业协会分会，共计 100 余人参加会议，20 余个省市及行业

协会积极设立线下分会场，组织监理人员观看，累计观看 27434 人（次）。会议主要围绕企业推进诚信建设、维护监理市场秩序；企业在工程项目质量安全风险防控方面的实践经验等展开交流。

3. 组织召开中国—东盟工程监理创新发展论坛。2022 年 11 月 26 日，由中国建设监理协会、广西住房和城乡建设厅主办，广西建设监理协会承办的中国—东盟工程监理创新发展论坛在南宁成功举办。来自内地、港澳地区的建筑、监理、水利、交通等领域的专家、学者和代表以线上线下相结合的形式参加了本次论坛。本次论坛线下参会 200 余人，线上直播浏览量 4 万余人次。各位演讲嘉宾秉持创新、开放、共享的发展理念，围绕数字监理、创新转型升级、全过程工程咨询等内容，总结了内地、港澳、东盟部分典型工程的实操经验，分析中国与东盟工程监理行业现状，预判行业未来发展趋势，凝聚了推进行业发展的智慧与力量，加强了中国与东盟国家建筑企业之间的深入交流。

（四）加强与港澳同行业学协会的联系与交流

为推动内地与港澳地区监理社会组织工作和行业发展情况交流、相互借鉴成熟做法，共同促进内地与港澳地区监理行业健康发展，2022 年 11 月 25 日，中国建设监理协会在南宁组织召开了内地与港澳地区同行业监理协会（学会）座谈会。住房和城乡建设部建筑市场监管司一级巡视员卫明，中国建设监理协会会长王早生，香港测量师学会建筑测量组主席张文滔、副主席李海达，澳门工程师学会理事长萧志泳，中国建设监理协会副会长兼秘书长王学军、副会长李明安，中国交通建设监理协会副理事长李明华，中国水利工程协会副会长兼秘书长周金

辉，广西建设监理协会会长陈群毓等十余人参加了会议。

为了加强协会与香港测量师学会、澳门工程师学会联系和沟通，共同促进内地与港澳地区监理行业健康发展，协会计划与香港测量师学会、澳门工程师学会签订合作备忘录。目前已完成向建筑市场监管司、计划财务与外事司、北京市外事办公室报告工作及向澳门工程师学会征求意见工作。

（五）深入调研，了解行业发展情况

2022 年，协会领导在北京、上海、浙江、江苏、重庆、河南、湖北、安徽、陕西、新疆、海南、广西、吉林等地调研，并召开企业座谈会，深入了解企业改革发展及信息化建设情况，倾听会员诉求，引导行业健康发展。

四、行业宣传工作

（一）办好《中国建设监理与咨询》图书

完成《中国建设监理与咨询》图书出版及改版工作。在图书中介绍了行业活动、政策法规动态、工作经验交流和行业发展探索研究，助力行业和监理企业发展及监理人员技术水平的提高。同时根据工作需要，对编委会组成进行了调整。

2022 年，《中国建设监理与咨询》征订数量 4015 册。有 30 家省、市和行业协会及 305 家企业参与了征订工作。2022 年度共有 86 家地方或行业协会、监理企业以协办单位方式共同参与。

（二）发挥好微信公众号的宣传作用

利用协会网站、中国建设监理协会微信公众号及中国建设监理与咨询微信公众号实时推广行业有关制度、法规及

相关政策；宣传报道协会和地方省市行业协会的行业活动。

（三）更新协会简介

完成协会简介的更新工作，印刷后赠送给会员单位，扩大了协会的宣传面。

五、加强协会自身建设

（一）党建工作

协会党支部认真贯彻落实上级党委部署要求，坚持党对一切工作的领导，进一步增强"四个意识"、坚定"四个自信"、做到"两个维护"，努力推进党建工作与业务工作深度融合，全面加强党组织和党员队伍建设、党风廉政建设工作，以大力推进协会党建工作高质量发展为主线，以开展党史学习教育为推动力，充分调动党员干部的积极性、主动性和创造性，教育和引导党员干部树立为会员服务意识，发挥党组织战斗堡垒和党员先锋模范作用，为协会和行业高质量发展提供坚强的政治保障和组织保障。

（二）组织召开理事会和常务理事会

1. 2022 年 1 月 19 日，协会召开六届五次理事会，审议通过了《中国建设监理协会 2021 年工作情况和 2022 年工作计划的报告》和《关于中国建设监理协会发展单位会员的报告》，通报了《关于中国建设监理协会 2021 年发展个人会员情况的报告》。2022 年 10 月 26 日，协会以通信形式召开六届六次理事会（通联会），以线上投票的方式审议通过了《换届工作领导小组名单》。

2. 2022 年 3 月、4 月、6 月、8 月分别以通信形式召开六届十一、十二、十三、十四次常务理事会，审议通过了《中国建设监理协会 2022 年度收支预

算》《中国建设监理协会关于发展单位会员的情况报告》和《中国建设监理协会关于免收乙级、丙级资质单位会员 2022 年度会费的报告》等。

（三）提升协会服务水平

1. 为提升协会行业公信力和服务水平，协会组织召开专家委员会主任会议，研究确定 2022 年协会标准化建设课题计划，研究 2022 年协会专家委员会相关工作，并印发了《中国建设监理协会专家委员会 2021 年工作总结和 2022 年工作安排》。

2. 为提升工作效率，方便会员，协会在会员管理系统开通了网上缴费及自动开票功能，并做好系统的维护工作，及时发现和解决问题。

（四）配合政府部门做好相关工作

落实《民政部办公厅关于充分发挥行业协会商会作用 为全国稳住经济大盘积极贡献力量的通知》（民办函〔2022〕38 号）要求，协会印发了《中国建设监理协会关于推动监理行业稳步发展的通知》，并以实际行动助力监理行业稳增长稳市场保就业，缓解中小监理企业因疫情影响带来的经营压力，免收 2022 年度乙级、丙级资质单位会员会费。同时发布了《工程监理企业复工复产疫情防控操作指南》，指导行业企业认真落实各项防控措施，尽量减少疫情对企业正常生产经营的影响。

落实《民政部 国家发展改革委 市场监管总局关于组织开展 2022 年度全国性行业协会商会收费自查自纠工作的通知》（民发〔2022〕53 号），按要求做好自查自纠工作。

（五）加强分会管理

设立分会有关材料及证件的备案管理，及时传达有关文件要求。落实《民

政部关于开展社会团体分支（代表）机构专项整治行动的通知》（民函〔2022〕18 号），按要求组织分支机构开展自查自纠活动，做好民政部开展的分支机构专项整治行动相关工作。

（六）做好换届筹备工作

根据中央和国家机关工委、民政部对全国性行业协会的有关管理要求和《中国建设监理协会章程》有关规定，经六届六次理事会审议通过，成立了由理事代表、监事代表、党组织代表和会员代表组成的换届工作领导小组。

（七）积极开展工会活动

为提高职工的生活质量和倡导健康生活，协会工会举办多项活动，如组织开展团队建设活动，组织职工参加"中国梦·劳动美——永远跟党走奋进新征程"全国职工线上运动会等，增强秘书处的凝聚力，促进秘书处工作人员爱岗敬业、团结协作，全力做好会员服务工作。同时，在疫情时期，工会坚持以人为本的理念，向在职及退休职工发放防疫物资，保障职工身体健康。

上述工作得到了院校、地方协会以及分会的大力支持。在课题研究方面，协会去年有四项课题转团体标准研究工作和六项课题研究工作，分别委托北京交通大学、北京市建设监理协会、上海市建设工程咨询行业协会、江苏省建设监理与招标投标协会、安徽省建设监理协会、陕西省建设监理协会、河南省建设监理协会、广东省建设监理协会、武汉市工程建设全过程咨询与监理协会 9 个院校和地方协会和分会负责牵头组织实施，课题研究工作均有序开展。在组织会议方面，得到了安徽省建设监理协会、河南省建设监理协会、山东省建设监理与咨询协会、江西省建设监理协

会、四川省建设工程质量安全与监理协会、广西建设监理协会等地方协会的大力支持。

除此之外，各分会和地方协会也做了大量工作。根据 24 家地方协会和分会报送的 2022 年工作总结，他们的工作有 7 个亮点。一是加强党建引领，履行协会职能，彰显责任担当。党的二十大胜利召开，北京、天津、山西、上海、山东、福建、江西、河南、贵州等地方协会积极组织学习贯彻党的二十大精神，其中山西协会组织开展了"喜迎党的二十大 理论研究葆生机"监理论文大赛活动；河南协会开展了系列主题党日活动。在履行社会责任方面，山东协会、河南协会积极投身乡村振兴、社会公益等活动，累计提供帮扶资金 211 万元，捐送 6000 余斤蔬菜、茶叶等物资；福建协会充分发挥协会党组织的资源优势，与结对社区开展敬老活动。二是发挥协会参谋职能，开展多元服务。北京、上海、云南、广西、贵州等协会积极承接政府购买服务项目，为政府部门提供专业技术咨询、工程建设项目评估、市场行为执法检查、课题研究、社会组织评估等多元化的服务，河南协会组建成立了青年经营管理者工作委员会和法律事务与咨询工作委员会，提升为会员服务的专业水平，不断提升行业协会的公信力和社会影响力。三是发挥专家智库作用，开展理论研究，推动行业标准化建设。2022 年，各分会、各地方协会共开展课题研究 20 余项，编写标准 10 余项。其中上海、河北、辽宁、陕西、甘肃等协会就推进行业转型升级方面开展了相关研究，为促进监理行业高质量发展提供了理论基础保障。四是多层次、多方位提升人才素质，加强队伍建设。

江苏、安徽、浙江等协会通过组织职业技能竞赛、监理行业微课大赛等丰富多样的形式，提升监理人员的学习主动性和积极性。上海协会、江西协会通过与院校达成委托培训合作意向，加强行业人才培训工作软硬件建设，为监理从业人员岗位技能教育培训提供保障。福建协会、陕西协会、山东协会、化工监理分会通过组织编写教材为监理从业人员学习提供理论基础。安徽协会、广东协会通过举办论坛、交流会的方式，为加强队伍建设提供了学习交流平台。五是加强诚信体系建设，增强行业自律意识。在诚信建设方面，北京、天津、上海等协会建立了监理企业和监理人员诚信评价相关机制，倡导监理企业的诚信经营，监理人员诚信执业。在行业自律方面，福建、河南、贵州等协会通过成立调查组、多协会联合、督导、检查、通报、签承诺书等方式，抵制低于成本价中标，维护行业市场竞争秩序。六是推进监理数智化建设，助力行业高质量发展。陕西、河北、甘肃等协会开展企业信息化管理和智慧化服务工作，了解企业信息化发展情况，推广学习应用信息化软件平台，开展 BIM 技术应用大赛等活动，为监理现代化服务提供保障。七是开展表扬活动，树立行业先进典型。浙江、内蒙古等协会开展年度优秀监理企业、优秀总监理工程师、优秀监理工程师评选活动；上海协会开展"上海市建设工程咨询奖"评优创先活动及年度示范监理项目部创建等活动，进一步提升工程建设管理水平。石油分会与中国石油工程建设协会项目管理专业委员会建立长效联系，开展年度石油工程建设优秀项目管理成果及年度项目管理优秀论文等评选活动。

第二部分：2023 年工作安排

新故相推，日生不滞。沐浴着党的二十大的浩瀚东风，我们踏上全面建设社会主义现代化国家新征程，向第二个百年奋斗目标进军。2023 年是实施"十四五"规划承上启下的重要一年，中国建设监理协会工作的总体要求是：以习近平新时代中国特色社会主义思想为指导，深入学习宣传贯彻党的二十大精神，认真落实中央经济工作会议精神和全国住房和城乡建设工作会议精神，坚持稳中求进工作总基调，坚守"提供服务、反映诉求、规范行为、促进和谐"的发展理念，引导监理行业高质量发展。

一、加强行业发展研讨

（一）完善专家委员会机构建设，提升理论研究水平；

（二）发布《工程监理行业发展报告》；

（三）修订《建设工程监理团体标准编制导则》；

（四）深入开展调研，推动国内外同行业的交流与合作。

二、加强行业标准化建设

（一）发布《建筑工程项目监理机构人员配置导则》和《建筑工程监理资料管理标准》；

（二）开展《城市道路工程监理工作标准》《市政工程监理资料管理标准》《城市轨道交通工程监理规程》《市政基础设施项目监理机构人员配置导则》《建筑工程监理工作标准》《建筑工程监理工器具配置导则》六项团体标准的审核发布工作；

（三）开展《施工项目管理服务标准》和《监理人员职业技术标准》等两项试行标准转团体标准研究工作；

（四）印发试行《工程监理企业发展全过程工程咨询服务指南》《监理工作信息化标准》和《工程监理职业技能竞赛指南》。

三、持续推进行业诚信建设

（一）修订中国建设监理协会会员信用评估标准（试行）；

（二）动态管理单位会员信用情况，引导会员诚信执业。

四、发挥参谋助手作用

（一）做好政府部门委托的监理工程师考试相关工作；

（二）组织编写监理人员学习丛书；

（三）参与《注册监理工程师管理规定》《工程监理企业资质管理规定》等相关法规、标准的修订；

（四）完成主管部门交办的相关工作。

五、搭建交流平台，提升服务品质

（一）为会员提供免费业务辅导；

（二）与住房和城乡建设部干部学院合作举办总监理工程师培训；

（三）更新网络业务学习课件，充实

会员"学习园地"内容；

（四）召开监理企业发展经验交流会议；

（五）召开监理数智化经验交流会议；

（六）召开第三届女企业家座谈会。

六、加大监理行业宣传力度，弘扬正能量

（一）办好《中国建设监理与咨询》图书；

（二）发挥协会网站与微信公众平台的宣传作用；

（三）对参建"鲁班奖"和"詹天佑奖"监理企业和总监理工程师进行通报。

七、开展协会成立30周年暨监理制度建立35周年系列纪念活动

（一）召开监理行业发展高峰论坛；

（二）开展协会成立30周年暨监理制度建立35周年主题征稿活动；

（三）做好成果展示和宣传工作。

八、强化党建引领，加强秘书处自身建设

（一）提升党建工作质量，发挥党建引领核心作用；

（二）加强组织机构建设，提升综合

服务能力；

（三）规范分支机构管理，发挥分支机构作用；

（四）强化员工服务意识，加强信息化建设。

九、依法依规做好协会换届工作

提高思想认识，严格执行中央和国家机关工委、住房和城乡建设部等上级领导部门和协会章程规定，营造风清气正的换届环境。根据会员数量按一定比例分配理事、常务理事名额，统筹考虑对协会贡献较大的地区和对行业影响较大的会员单位，经酝酿讨论，集体研究确定理事、常务理事和协会负责人候选人推荐名单。以高度责任感和使命感，全力做好换届筹备工作，确保换届工作顺利完成。

十、2023年会费收支预算

2023年协会会费预算收入1800万元。预算支出1723.3万元，其中业务活动成本支出1019.3万元（会员业务学习支出304.8万元，经验交流、座谈及调研支出115.9万元，课题研究及团标发布支出123万元，会员代表大会、理事会、秘书长会等会议支出79万元，行业宣传及编委通信会议支出59.6万元，考务费支出337万元），管理费用支出704万元。

请审议。

关于印发王学军副会长兼秘书长在全国建设监理协会秘书长会议上讲话的通知

中建监协秘〔2023〕7号

各省、自治区、直辖市建设监理协会，有关行业建设监理专业委员会；中国建设监理协会各分会：

2023年3月23日，中国建设监理协会在长沙召开全国建设监理协会秘书长会议，王学军副会长兼秘书长在会上作题为《携手同心　全力完成协会2023年度工作安排》的讲话，现印发给你们，供工作中参考。

附件：1.携手同心　全力完成协会2023年度工作安排

中国建设监理协会

2023年4月3日

附件1：

携手同心　全力完成协会2023年度工作安排

中国建设监理协会王学军副会长兼秘书长在全国建设监理协会秘书长会议上的讲话

各位理事、监事：

受理事会委托，现将协会2022年主要工作情况和2023年工作安排报告如下：

第一部分：2022年工作情况

各位秘书长：

大家上午好！

今天我们在长沙召开全国省级和部分行业监理协会秘书长工作会议，同时邀请了部分副省级城市监理协会秘书长参加。此次会议协会领导十分重视，王早生会长、李明安副会长亲自参加会议。我谨代表中国建设监理协会秘书处对大家的到来表示欢迎，对大家一直以来对中国建设监理协会秘书处工作的支持和帮助表示诚挚的感谢！

这次会议广西建设监理协会、湖南省建设监理协会、武汉市工程建设全过程咨询与监理协会分别介绍了他们各自工作的做法和经验，比较突出的是广西协会去年圆满地承办了监理创新发展高峰论坛，扩大了监理的知名度和影响力；湖南协会在诚信建设方面一直走在行业前列；武汉协会强化党建引领，助力行业高质量发展，值得大家学习借鉴。协会培训部、信息部、行业发展部就有关培训工作、宣传工作、庆典工作作了说明。理事会确定了协会今年的工作计划，明确了今年做什么。秘书长会主要是明确怎么做，谁来做。

根据协会六届七次理事会审议通过的中国建设监理协会2023年工作计划，协会印发了2023年工作安排，现就完成今年工作我提出几点要求，希望地方协会、行业专委会和分会给予支持。

一、共同做好服务会员工作

（一）深入开展调研，妥善解决会员诉求

充分发挥桥梁纽带作用，加大调研走访力度，了解会员单位的发展状况和面临的困难，倾听会员心声，提升服务会员能力。比如当下反映比较强烈的问题，如锁证、拖欠费用等问题。通过调研收集典型事例，向主管部门反映，争取得到妥善解决。

（二）创新培训模式，促进业务素质提高

一是为会员提供免费的网络业务学习，不断更新业务学习课件，探索微课程开发。二是开展不同形式的培训活动。培训活动以分片区培训与以省为单位培训相结合。分片区培训还是按照六大片区划分，建议华东地区由上海协会负责，东北片区由吉林协会负责，中南片区由河南协会负责，华北片区由北京协会负责，西北片区由陕西协会负责，西南片区由四川协会负责。各片区及以省为单位组织培训的要在4月底前将计划报协会培训部。组织开展培训的片区或是省协会，协会将给予资金方面的支持。三是发挥监理人员学习丛书作用。2022年开始，协会组织行业专家在监理工程师学习用书的基础上编写了监理人员学习丛书，目前《全过程工程咨询服务》《建筑施工安全生产管理监理工作》已出版发行，今年计划出版《施工阶段项目管理实务》。建议将监理人员学习丛书列入辅导教材，充分发挥丛书在提高工程监理从业人员技术能力和职业素养中的作用。四是各地可以参照今年试行的《工程监理职业技能竞赛指南》组织开展监理职业技能竞赛。如果

对培训工作有什么要求，请及时与中监协培训部联系。

（三）共同办好《中国建设监理与咨询》

《中国建设监理与咨询》创办已经10年了，在大家的共同努力下，图书的发展稳中向好。《中国建设监理与咨询》不仅是行业宣传的载体，同时也是协会与会员联系的纽带。图书主要围绕党和国家关于建筑业的政策法规、协会活动、企业管理经验、监理行业创新发展的做法以及行业关切的问题等开展宣传和交流。希望地方协会和行业专委会、分会、协办单位、各位编委共同做好图书的宣传、征订和组稿工作，不断扩大图书在行业引导和促进行业高质量发展的影响力，进一步提高监理在建筑行业和社会的影响力。在此对支持此项工作比较好的单位表示感谢。

（四）提高企业管理水平，组织开展经验交流

为全面贯彻落实全国住房和城乡建设工作会议精神，加快推进监理行业转型升级进程，顺应建筑业工业化、数字化、绿色化发展方向，协会将在上半年召开监理企业发展经验交流会，下半年召开数智化监理经验交流会。同时，协会将适时召开第三届女企业家座谈会。希望地方协会和行业专委会积极推荐先进典型并组织好参会工作。

（五）做好参建"鲁班奖"和"詹天佑奖"监理企业和总监理工程师的通报工作

在建筑业协会和土木工程学会支持下，2023年协会拟对2022年参与"鲁班奖"和"詹天佑奖"监理企业和监理工程师进行宣传，以达到弘扬正气、树立标杆，引领行业高质量发展的目的。此项工作需要地方监理协会和行业监理

专业委员会支持和把关。

二、共同做好自律规范管理工作

（一）加强诚信建设

单位会员自评估活动开展两年来，约有80%的会员参加了自评估活动，从自评估结果看，还是比较好的。协会计划将单位会员自评估结果（90分以上）向社会公布，进一步推进监理行业信用建设。同时协会会依照相关规定对单位会员信用情况进行动态管理，根据会员受奖罚情况定期对会员信用结果进行调整。这项工作还需要地方和行业协会大力支持，每半年将单位会员获奖或被行政处罚情况报我协会联络部。

（二）加强标准化建设

一是做好团体标准宣贯工作。充分利用会议、业务辅导、新媒体等多种形式，开展团体标准宣传、解读、培训等工作，让更多的监理行业从业者了解团体标准，不断提高行业内对团体标准的认知，促进团体标准推广和实施。请各团标研究组配合做好此项工作。

二是审核发布八项团体标准。今年协会计划审核发布《建筑工程项目监理机构人员配置导则》《建筑工程监理资料管理标准》等八项团体标准，其中《建筑工程项目监理机构人员配置导则》已于2月9日发布公告。希望各转团标研究组和审核组，按照工作安排按期认真做好此项工作。

三是试行三项标准。协会今年将印发试行《监理工作信息化导则》《工程监理企业发展全过程工程咨询服务指南》《工程监理职业技能竞赛指南》三项标准，希望地方和行业协会在上述标准试

行期间注意收集意见和建议，及时向协会行业发展部反馈。

四是修订两项标准。为更好地适应行业发展和工作需要，协会今年将修订《建设工程监理团体标准编制导则》和《中国建设监理协会会员信用评估标准（试行）》。其中《建设工程监理团体标准编制导则》的修订工作委托给河南省建设监理协会，《中国建设监理协会会员信用评估标准（试行）》的修订工作委托给上海市建设工程咨询行业协会。

五是开展两项试行标准转团体标准研究工作。2022 年试行的《施工项目管理服务标准》和《监理人员职业技术标准》两项标准，今年开展转团体标准研究工作，请负责单位和相关参与单位积极配合，做好相关工作，推动监理行业标准化建设。

六是参与修订《注册监理工程师管理规定》。为了更好地促进监理行业高质量发展，行政主管部门决定对《注册监理工程师管理规定》进行修订，以适应管理需要和行业发展实际。行政主管部门委托协会征求大家对修改《注册监理工程师管理规定》的意见，协会将在杭州、西安组织召开东部和西部工作座谈会，希望大家对这项工作给予支持。

三、共同做好促进行业高质量发展工作

（一）发布《工程监理行业发展报告》

2022 年协会委托北京交通大学开展了工程监理行业发展课题研究，今年2 月通过验收，目前报住房和城乡建设部建筑市场监管司征求意见。计划今年上半年正式发布《工程监理行业发展报告》，希望通过我们的研究，对业内同仁有所启发和帮助，为行业的高质量发展提供方向指引。

（二）共同做好协会成立 30 周年暨监理制度建立 35 周年系列活动

今年是协会成立 30 周年，同时也是监理制度建立 35 周年，协会计划开展系列庆祝活动。通过"一次高峰论坛""一本画册""一次征文"等形式多样的活动，全面回顾总结协会、行业的发展历程，充分展示行业建立以来和协会成立以来所取得的丰硕成果，进一步宣传监理行业的正面形象，提高监理的社会认可度，增强监理人的使命感和荣誉感。为保障各项活动顺利开展，协会成立了活动筹备组，负责统一筹划和综合协调。秘书处各牵头部门根据工作分工，负责拟定相关活动方案并落实具体工作。请地方协会和行业专委会、分会协助做好有关宣传和组织活动工作。

（三）共同做好协会换届筹备工作

按照中国建设监理协会换届工作领导小组的工作部署，在地方和行业协会的全力配合下，各项筹备工作均有序开展，即将召开的第七次会员代表大会对于行业长期稳定、持续发展具有重要意义。协会始终秉承根据会员比例并统筹考虑对协会贡献较大的地区的原则分配理事、常务理事名额。请地方和行业协

会在换届过程中，以全行业利益为重，继续配合做好换届相关工作，确保换届工作顺利进行。

（四）加强与国内外同行业的沟通与交流

通过沟通与交流，了解国内外同行业的现状、存在的问题以及助力行业发展的措施等，相互借鉴成熟做法。共同促进监理行业高质量发展。去年协会召开了内地与港澳地区同行业监理协会（学会）座谈会，中国交通建设监理协会、中国水利工程协会、香港测量师学会和澳门工程师学会参加了座谈，反响较好。希望今后举行座谈会的时候可以在原有基础上再扩大一些参会范围。

2023 年是全面贯彻落实党的二十大精神开局之年，也是实施"十四五"规划承上启下的关键之年。我们要坚持以习近平新时代中国特色社会主义思想为指导，坚持稳中求进的总基调，按照协会年度工作的部署与要求，以开拓创新的精神状态，努力工作，相互支持借鉴，圆满完成全年工作任务，开创监理事业高质量发展的新局面！

（后略）

持续探索创新　强化工作职能

广西建设监理协会

尊敬的各位领导、各位秘书长：

大家上午好！非常感谢中国建设监理协会给我们这次向兄弟协会汇报工作和学习交流的机会。根据大会安排，我代表广西建设监理协会将 2022 年开展的工作汇报如下，希望能够得到各位领导和同行的指导与帮助。

一、强化党建引领作用，推动协会规范建设

广西建设监理协会在广西住房和城乡建设厅、民政厅的正确领导和监管下，在中国建设监理协会的关怀和指导下，在兄弟协会和会员单位的大力支持和帮助下，始终把党建引领摆在首要位置，在严格落实"三会一课"和开展主题党日活动的基础上，积极创新活动载体、发挥党建引领作用，努力使党建工作与脱贫攻坚等中心工作深度融合。围绕"以党建促业务，以业务强党建"的工作理念，实现了党建工作与业务工作"双提升"，顺利完成了各项工作任务。本会两次荣获广西民政厅授予的社会组织评估 5A等级，是全体会员共同努力的结果，也标志着协会在公信力、社会影响力、自身能力、规范化建设等方面得到了国家相关部门的肯定和认可。

二、为会员提供有效服务，促进监理企业提升

（一）减免会费，助力企业复工复产。受新冠疫情影响，广西监理企业经营发展受到了很大冲击，协会各会员单位也面临各种困难。协会召开会长工作会议专题研究调整本年度会员会费收取标准的事项。为纾解会员单位实际困难，协会将 2022 年度会员会费减半收取，减轻企业负担，为会员企业稳步有序复工复产提供有力的支持和帮助。

（二）搭建网络学习平台，做好业务教育培训工作。为切实给会员单位排忧解难，帮助降低会员单位集中面授培训的成本，解决会员单位人员分散难以集中培训的难题，避免因集中继续教育培训可能造成的聚集性疫情风险。广西协会开通了广西建设监理从业人员网络教育平台，满足会员线上参加培训学习的需求，避免了因集中继续教育培训可能造成的聚集性疫情风险。

（三）开展行业调研，助力企业稳健发展。为全面了解疫情影响下企业的发展情况，统计分析影响程度，持续助力监理企业稳健发展，协会于 5 月通过网络问卷的形式在会员范围内展开了《新冠肺炎疫情对广西监理企业的影响调研表》。有 85 家会员企业参与了问卷调研，最终经整理形成调查报告，反映

了疫情影响下会员企业的生存现状、面临的困难以及需要提供的帮助，为行业主管部门推动复工复产制定政策提供了决策依据。

（四）创新服务模式，提升服务能力。协会优化服务模式，在做好常态服务工作的情况下，为做好会员单位夏季防火减灾安全工作，协会组织全体会员开展线上"安全生产及消防安全知识公益培训"，特邀请广西消安安全服务中心组织开展消防安全知识培训。据不完全统计，参加培训人数 600 余人次。有效提高了从业人员安全素质和安全技能，在当时建筑工程项目复工的关键节点，为广西建筑施工安全打下良好基础。

三、完成政府委托工作，当好参谋助手

（一）完成 2021 年度监理工作统计报表。受广西住房和城乡建设厅建管处委托，协会继续开展 2021 度全区监理报表统计工作，通过完成这项工作，为建设行政主管部门对监理行业的监管提供依据，加强了对企业资质的动态管理。

（二）协助广西住房和城乡建设厅政务服务中心进行全区监理企业资质申报材料的初审工作。2022 年，协会派出资质评审专家对广西 95 家监理企业的资质申报材料进行了初审并提出初审意见。通

过开展此项工作，提升了广西监理企业资质审批率。

四、强化公共服务能力，承接政府采购服务项目

（一）承接项目概况

本会在积极拓展监理市场的同时，利用发展过程中形成的特色优势，积极拓展服务领域，于 2020—2022 年连续三年承接了广西民政厅"社会组织评估服务"政府购买服务项目；2020 年承接了广西贺州市平桂区民政局委托的"社会组织评估服务"项目；2021 年承接了广西贺州市民政局委托的"社会组织评估服务"项目；2022 年承接了广西百色市民政局委托的"社会组织评估服务"项目。

在上述评估项目中，本会作为第三方评估机构对服务项目辖区内参评的社会组织开展评估工作，并严格按照民政部《社会组织评估管理办法》相关要求，本着"公平、公开、公正"原则，通过制定方案、开展培训、过程跟进、综合评定等环节，采取申报资料审查和现场实地考察相结合的方式，顺利完成了评估服务项目，得到了项目购买方的认可满意，提高了本会的社会知名度和公信力。

（二）承接项目的优势

1. 打铁还需自身硬

广西民政厅"社会组织评估服务"政府购买服务项目的投标要求中重要的一点是"具有法人资格的 5A 级社会组织"。广西民政厅于 2012 年开始启动全区性社会组织评估工作时，本会便认识到社团评估对促进协会建设的重要意义，积极参评，最终在当年的首批全区性社

会组织评估中荣获最高级别 5A 等级，此后又于 2019 年再度获得 5A 荣誉。通过参加这两次社会组织评估，本会作为社会组织评估工作发展的见证者、参与者和实践者，对社会组织评估工作有较深的认识和理解，有充足的信心和能力来承接社会组织评估服务项目。

2. 结构合理的人才队伍

为保证服务项目的顺利开展，本会组建了项目团队，由本会会长、副会长、副秘书长兼办公室主任、培训部主任、专职工作人员等共 7 人组成，其中高级工程师 2 人、副教授 1 人、中级工程师 2 人、初级工程师 2 人。团队成员分工明确、经验丰富，且梯队结构、年龄层次搭配合理，整支队伍精干、高效。

3. 丰富的工作经验

多年来，本会受广西住房和城乡建设厅委托开展建设领域的政策法规宣贯、行业调查调研、资质审查、行业统计、监理研究、相关管理办法及文件起草等工作，积累了丰富的评审、实地检查、专家培训以及评估工作经验。组建的项目团队中，有 3 人在本会工作时间均超过 10 年，并参与了本会两次荣获 5A 等级的申报工作，对评估工作较为熟悉。俗话说万事开头难，在经过认真筹备、精心组织，以零投诉顺利地完成第一年广西民政厅社会组织评估服务项目后，获得广西民政厅的高度认可和满意，有了此次成功经验，承接后续的项目也就水到渠成。

4. 制定切实可行的实施方案及保障措施

为保证服务项目的顺利进行，本会编制项目技术方案、项目人员岗位职责、项目实施进度方案、项目进度及质量保障措施。进一步健全和完善管理机制，

制定详细计划，明晰激励机制，层层分解任务，严格进度控制，实施质量控制，明确项目目标，强化项目管理，协调各方关系。最终各项工作有序衔接，顺利推进，并达到预期效果。

五、促进行业广泛交流，互助互动共同发展

加强和外省协会的交流沟通，积极推动监理行业发展。2022 年 8 月，协会组织企业参加由中国建设监理协会在合肥召开的"监理企业诚信建设与质量安全风险防控经验交流会"；10 月，为进一步加强中南地区建设监理行业的联系，不断交流工程监理经验，促进中南地区建设监理事业的发展，协会组织企业一行 10 人参加由广东建设监理协会在广东举办中南地区部分省建设监理协会工作交流会；11 月，协会会长陈群毓受邀参加内地与港澳地区同行业监理协会（学会）座谈会。通过这些交流会议，加强了监理行业协会和企业之间的交流沟通，协会之间相互学习借鉴，取长补短，为各地区监理行业发展构建了良好互动平台。

六、承办监理创新发展论坛，推广数字监理

2022 年 11 月，由中国建设监理协会、广西住房和城乡建设厅主办，广西协会承办的中国–东盟工程监理创新发展论坛在南宁市成功举办。论坛的主题为"推广数字监理，促进工程建设高质量发展"，采用线上线下相结合的方式。近 200 名工程监理领域专家以及各省市自治区监理协会、监理企业等相关单位代表齐聚一堂，线上直播浏览量 4 万余人次。

此次论坛围绕数字监理、创新转型升级、全过程工程咨询等总结了内地、港澳、东盟部分典型工程的实操经验，通过主旨演讲、主题分享等形式，了解东盟市场建筑领域咨询业的发展状况与中国监理咨询业在东盟市场的现状，学习东盟建筑领域咨询业的先进理念与方法，分析中国监理咨询业在东盟市场的优势与发展趋势，为加强与东盟国家建筑企业之间的深入交流引导中国监理咨询业有序进入东盟市场，推进中国与东盟建筑业的合作发展。

七、精准对接，助力乡村振兴

为有效巩固脱贫攻坚成果，协会党支部认真贯彻落实习近平总书记关于"三农"工作的重要论述精神和中央"摘帽不摘帮扶"要求，积极借鉴脱贫攻坚期的经验做法，为衔接推进乡村振兴奠定坚实基础。协会党支部结合"我为群众办实事"实践活动，1月，共捐赠5万元助力厅结对挂点打造广西民族团结进步示范村上林县西燕镇岜独村乡村振兴项目（岜独村建设全村会议活动中心），该项目已于2022年6月完工，惠及535户2203人。6—12月，协会积极开展结对帮扶和"汇聚慈善力量，助力乡村振兴""乡村振兴助残产业就业"等专项募捐活动，通过爱心捐款、消费扶贫等多种方式助力乡村振兴，其中爱心捐款10690元、消费扶贫4168元。在助推乡村产业和生态建设等方面主动作为，发挥应有作用，为促进我区乡村振兴作出积极贡献。

八、加强秘书处内部规范化建设

协会在单位会员增加、工作量加大的情况下，为了更好地服务于会员单位，及时高效地做好服务工作，协会秘书处调配、招聘了热爱监理行业并具有基本专业知识的工作人员，对协会业务范围和工作职责，做到责任到人，做到事事有人管、责任有人负。同时，为加强管理、提升形象，协会于去年8月26日乔迁至广西建设大厦（广西住房和城乡建设厅办公驻地）办公，工作环境有所改善，这是协会对未来发展做出的战略布局，标志着协会向前迈出了坚实的一步，预示着协会未来美好的发展前景。

以上汇报，若有不妥之处，请大家批评指正。希望今后继续得到中国建设监理协会和兄弟协会一如既往的支持和帮助，我们将一如既往、砥砺前行，发挥应有作用，更好地为政府、为行业、为会员提供服务，为中国监理事业的高质量发展贡献力量。

守正创新　夯实责任
——湖南省建设监理协会工作交流

田　英

湖南省建设监理协会

近年来，协会以习近平新时代中国特色社会主义思想为指导，紧紧围绕住房和城乡建设工作部署和湖南省有关方针政策，坚持为发展和繁荣湖南省建设监理全过程工程咨询、工程建设监理和项目管理事业服务，协会自身建设和行业服务质量得到不断提高。

下面，我简单介绍下湖南省监理行业情况及协会相关工作。

一、总体情况

根据住房和城乡建设部2022年监理调查数据统计，截至2021年底，湖南省有工程监理企业400家，综合资质企业6家，其中甲级资质企业185家；期末从业人员6.57万人，其中注册监理工程师0.86万人；工程监理企业承揽合同额551.08亿元，其中工程监理合同额63.55亿元；工程监理企业营业收入364.9亿元，其中工程监理收入56.45亿元，全过程工程咨询收入2.27亿元。工程监理收入突破2亿元的企业有4家，工程监理收入超过1亿元的企业有8家。

二、主要做法

党的二十大报告指出，高质量发展是全面建设社会主义现代化国家的首要任务。对监理行业来说，高质量发展也是新形势下开展监理工作的新要求和新方向。近年来，协会坚持以国家、省委相关部署作为工作主线，以"守正创新、稳中求进"作为工作原则，以"保障建设工程质量安全、提高建设工程投资效益、助力经济社会发展"作为主要工作目标，以"加强科学管理，夯实监理责任""建设信用体系，筑牢诚信基石""搭建政企桥梁，助力健康发展""承担社会责任，彰显行业担当"作为重点工作内容，逐步探索出"1234"工作方法，在推动工程监理工作高质量发展上迈出新步伐。

下面，我主要介绍一下我们围绕四项重点内容开展的工作情况。

（一）加强科学管理，夯实监理责任

1.严格落实管理制度。一是严格落实建筑工程质量安全监理报告制度。2021年4月23日，湖南省住房和城乡建设厅修订出台《湖南省建筑工程质量安全监理报告制度实施办法》，并对监理报告制度信息系统进行了升级，增加了非法项目报告途径，完善了月报、急报核查功能。协会密切配合省住房和城乡建设厅推动监理报告制度落地、落实，按期向省住房和城乡建设厅报告各地落实监理报告制度情况。实施监理报告制度以来，湖南省建设工程质量和安全生产水平逐步提高，施工项目部、现场监理部质量安全管理机构和管理体系逐步健全。二是严格落实现场关键岗位人员实名制管理。2020年12月28日，省住房和城乡建设厅修订出台《湖南省建设工程施工项目部和现场监理部关键岗位人员配备管理办法》，将关键岗位人员纳入实名制考核管理，并对实名认证率和到岗率进行考核。协会多次开展实名制管理业务培训，并开发了建筑工人实名制服务平台（慧匠通APP），免费为项目人员（含关键岗位人员和建筑工人）提供实名制服务、培训服务、公共法律咨询服务等。经过各部门的不断努力，湖南省施工现场监理部关键岗位人员实名认证率达100%的项目占总数的94.38%，到岗率达70%及以上的项目占项目总数的61.88%，现场质量安全管理水平提升明显。三是不断提高监理部安全生产管理水平：第一，开展安全生产标准化培训。近几年，协会先后对1500余名在监项目总监、分管安全的专业监理工程师开展了免费的安全生产标准化培训，提高了现场监理管理人员安全生产理论水平。第二，开展送安全生产标准化教育培训进工地活动，组织安全专家对省内偏远地区的152个在建项目开展了安全生产隐患排查和现场安全生产知识培训，有效防范和遏制了建筑施工生产安全事故发生。第三，开展消防监理培训，对全省 1000 余名监理企业主管消防监理工作的负责人进行了培训，提高了现场消防安全管理工作水平。

2. 发挥示范引领作用。一是开展评优评先活动。为促进湖南省建设工程监理行业的创新发展、持续提高建设工程监理管理水平，去年协会在会员内开展了优秀监理企业、全过程工程咨询项目（监理主导）及总监理工程师评选活动。这是时隔 8 年后再次开展的评优评先活动，在行业内引起很大反响，在当时疫情形势下，极大地鼓舞了监理企业的热情。二是开展示范监理部观摩。为展示湖南省工程监理行业规范化、科学化服务水平，引导企业开展标准化监理部建设，协会向会员单位发布了开展优秀示范监理部推选和观摩活动的通知。会员单位积极响应，纷纷报名参加。协会组织专家进行实地核查，筛选出符合示范条件的监理部，并向社会发布名单，各监理企业均可组织前往观摩、交流，极大地促进了湖南省建设工程现场监理部标准化工作水平的提高。

3. 开展行业信息化建设。为加强对工程建设全过程的质量安全监管，协会组织行业内部分专家组建了信息化建设工作组。工作组开展了课题调研，编制了《湖南省建设工程监理与工程质量安全风险防控服务信息系统建设策划方案》，推出了调研报告成果。

4. 推进全过程工程咨询服务发展。按照国家发展改革委及住房和城乡建设部出台的一系列政策及指导意见，湖南省积极引导工程监理企业开展全过程工程咨询服务。作为监理行业协会，我们积极落实省住房和城乡建设厅的指示，为监理企业开展全过程工程咨询提供服务，一是举办了以"挑战与对策和企业创新"为主题的第三届楚湘监理论坛，向监理企业宣贯全过

程工程咨询的政策文件及开展全过程工程咨询的意义。二是参与制定与全过程工程咨询服务相配套的政策文件，如招标投标办法、技术标准、取费标准、服务内容等。三是开展优秀全过程工程项目评选，激发监理企业开展全过程工程咨询服务热情。

（二）建设信用体系，筑牢诚信基石

1. 开展监理企业信用等级评定。协会自 2009 年起就开展了监理企业的信用等级评定工作，每两年开展一次工程监理企业信用等级评定。信用等级评定结果分为四个等级，评定内容包括公司内部管理、现场监理部履职情况、绩效加分及绩效减分等。协会多次对信用等级管理办法及评定程序进行了完善，评定出的结果也能真实地反映企业的信用状态，在行业内具有一定的影响力。

2. 加强行业自律。行业自律管理一直是协会的重点工作。近几年，协会先后修订并印发了《湖南省建设工程监理行业自律管理办法》等文件。2022 年，协会共受理了 31 起失信投诉举报案件，通报惩戒了 92 家会员单位；其中，有 5 家会员单位因 2 次以上（含）失信行为被给予降低信用等级的惩戒，2 家会员单位将被给予取消会员资格一年的惩戒。对诚实守信的 26 家会员单位，协会在行业内公开通报表扬，并倡议会员单位向其学习。

（三）搭建政企桥梁，助力健康发展

1. 解决企业难题，助力企业发展。一是在参与主管部门的政策文件制定时，为监理企业争取权益，如《湖南省房屋建筑和市政基础设施工程监理招标评标办法》《助力建筑企业纾困解难促进经济平稳增长的若干措施》等文件，协会均参与了起草工作，并极力为监理企业争取最大权益。二是向主管部门反映企业遇到的难题及诉求，积极寻求解决办法，

企业反映的问题得到有效解决。

2. 配合主管部门工作，助力行业管理。一是协助省住房和城乡建设厅做好保障进城务工人员工资支付考核迎检工作，参与修订《湖南省建筑工人实名制管理实施细则》，编制《湖南省建筑工程施工现场技能工人配备导则（试行）》等文件。二是配合省住建安责险领导小组办公室在各市州开展全省保障进城务工人员工资支付培训，参训人数达 40 万人次（含线上）。

（四）承担社会责任，彰显行业担当

一直以来协会都在为社会尽一份绵薄之力：一是关注贫困地区留守儿童和老人，向留守儿童送去助学金，助其完成学业；为留守老人送去治疗白内障医疗补助金，助其恢复光明。二是参加省民政厅组织的精准扶贫专项行动，号召会员单位购买贫困地区农产品，帮助扶贫点完成农产品销售。三是在疫情期间主动作为，向省红十字会及其他社会公益机构捐款捐物，并号召会员单位参与抗疫工作。四是助力乡村振兴，积极参加省民政厅组织的乡村振兴专项行动，为振兴点建设"阅读小屋"，让振兴点的孩子们有一个温馨的阅读环境和资源。

这些年来，在全体会员的支持下，在社会各界的关心下，在各相关行业主管部门的指导下，协会各项工作取得突破性进展，先后被省民政厅评为"5A 级社会组织""湖南省示范社会组织"。2023 年，协会将继续坚持以习近平新时代中国特色社会主义思想为指导，全面贯彻党的二十大和二十届一中、二中全会精神，认真落实各级主管部门工作会议精神，踔厉奋发，勇毅前行，秉持以服务为中心的理念，为广大会员、行业发展服务；以积极的心态和坚定的信念迎接新的挑战，为推动行业转型升级和高质量发展作出贡献！

强化党建引领　深促品牌建设　推进协会治理能力现代化

陈凌云

武汉市工程建设全过程咨询与监理协会

多年来，在中国建设监理协会的引领下，在政府管理部门的坚强领导下，在全体会员的全力支持配合下，武汉协会坚持以深入学习贯彻宣传习近平新时代中国特色社会主义思想为主线，以政治建设为统领，引导企业在"补短板、扩规模、强基础、树正气"上下功夫，努力当好工程卫士和建设管家，把党建工作与协会工作同部署、同落实，着力推进协会建设标准化，推动学习教育常态化长效化，取得明显成效。协会曾先后被中共武汉市社会组织综合党委授予"先进基层党支部"并被授予社会组织"党建联络站"称号，三次被武汉市民政局评定为5A级社会组织。现将协会党建工作汇报如下。

一、协会党支部的基本情况

协会党支部成立于2016年10月，作为一家功能型党支部，协会党支部委员3名，现有8名正式党员，2名入党积极分子，会长、副会长、监事长、党组织委员的领导班子全部为共产党员，汪成庆同志担任协会会长兼任党支部书记。党支部领导班子既熟悉党务工作，又精通业务工作，具有较强的组织协调能力。

在服务大局大势中履职尽责，在应对风险挑战中实干担当。基于行业属性和党员分散的特点，协会党支部一直立足于做好本职工作，在各项工作中始终坚持党在协会中的全面领导地位和把方向、管全局的政治核心作用。党支部对协会的重要事项决策、重要业务活动、大额经费开支、接收大额捐赠、开展对外交流活动等发挥核心和保障作用，并最终实现有效落地。多年来，协会的行业评先、履职检查、职称评审、行业交流、知识竞赛、宣传通联、课题研究、政策研定、政府购买服务、企业调研等各项工作缔造了认同，创造了价值，赢得了尊重。

协会秘书处坚持执行协会会员代表大会、理事会、监事会、重大事项报告等制度，坚持从行业的整体利益和会员单位的根本利益出发，关注和研究会员需求，创新服务理念、内容和方式，为会员单位做好服务。强化正面宣传，通过协会公众平台，大力宣传行业工作的重点活动、政策解读等。突出基层基础，牢固树立大抓基层的鲜明导向。选树行业党建先进典型，宣传行业党员风采，有力树立正面形象，通过抓意识形态工作，积极推动服务意识形态工作责任落地生根。

二、协会党建引领行业发展的具体举措

1. 加强制度建设，着力构建党建工作运行体系。

1）筑牢"主阵地"，坚持用党的科学理论凝心铸魂，使思想教育实起来。坚持把严肃党内政治生活作为加强党建的重要抓手，聚焦"严、新、实"，强化思想教育，坚定理想信念，不断提高党员理论素养和能力水平。

一是突出"严"字，主题党日活动更丰富。坚持每月一计划与每月一主题，全年确定12个主题，规范程序要求，落实诵读党章、交纳党费、学习协会文化等规定动作，确保主题党日活动聚焦目标不跑偏、联系协会工作接地气，进一步丰富拓展党内生活载体形式，激励引导广大党员建功新时代、奋进新征程。

二是突出"新"字，党员入党生日更暖心。在主题党日活动中同步开展重温一次入党誓词、进行一次谈心谈话、赠送一份生日贺卡、讲述一段初心故事、开展一次志愿服务的"五个一"党内活动。为庆祝建党101周年，在"七一"期间，协会党支部组织开展"我想对党说"短视频闪播活动，行业内80多位党员同志用真挚的语言向党深情表白，以昂扬向上

的精神风貌表达对党的无限热爱。通过开展系列活动，引导党员回顾入党经历、分享成长感悟，激励传承使命担当、积极主动作为，有效推动党员切实做到一句誓言，一生作答，起到了凝聚思想、鼓舞斗志、增添干劲的良好效果。

三是突出"实"字，以赛促学，以学促行。2022 年 8 月 15 日—11 月 15 日，协会与武汉市总工会建筑行业工会联合会共同主办"安康杯——筑牢质量安全线匠心献礼二十大"演讲大赛。从全行业 77 件参赛作品中角逐出 19 件作品参与决赛，各位参赛选手生动讲述了工程咨询监理人在狠抓工程质量安全、淬炼匠人精神上的担当作为，展现出全行业向党的二十大献礼的昂扬斗志和热情干劲。演讲比赛开通现场直播和投票通道，线上线下气氛一片火热，参与度极高，共有 100777 人参与，投票数达到 408.2 万票。中国建设监理协会会长王早生专程发来贺电"宣讲监理价值，勇当工程卫士"，武汉电视台、中国建设监理协会、市城建局、市民政局、市总工会分别对本次活动予以专题报道，累计阅读和关注人数破 10 万人次，起到了极好的行业宣传作用。

畅通"主动脉"，创新党建翼联新模式，使组织基础强起来。协会党支部多次参加市社会组织综合党委开展的组织生活、集中培训、在线交流等。以党史学习教育为抓手，以开展丰富活动为载体，突出自选特色，展现工作亮点。创新党建活动方式，与企业共建党建翼联机制，走进施工现场，送课到项目工地，切实打造和基层项目部面对面的党员服务阵地梳理清单，亮明承诺。认真总结项目党风廉政建设经验，发挥党员战斗堡垒作用，见证建设项目党风廉政建设责任书签署仪式，明确参建各方党风廉政建设责任，层层压实全面从严治党主体责任。

积极主动与政府做好对接，反映行业诉求，为企业维权。受城建局委托对全市多起房屋市政工程生产安全事故监理企业和项目部履责情况开展履职专项督查，通过现场事故调查，让履责尽职的监理企业得以免责。为提高行业地位，协会先后承接了市城建局、市区质监安监站、市水务局、市区水务质监站、稽查站、执法大队等政府部门委托的政府购买第三方专家巡查工作，取得满意成效。多次受邀作全市建设工程专家巡查工作讲评，重点对建设工地安全生产、工程质量和文明施工等进行专业指导，得到了管理部门的高度认可。2023 年，协会受市城建局委托开展《武汉市建筑业发展报告》的研编工作，目前正在进行中。

2）建强"主力军"，多措并举筑巢引凤，促行业人才素质提起来。

一是搭建校企协三方共建机制。走进高校，开设工程监理咨询讲堂，与老师学生一起解读工程监理咨询内涵，精心为同学们构建职业发展规划；组织企业赴高校开展行业招聘会，心系学生共成长，助力学子扎根企业建功立业。

二是潜心提升培训品质。协会自建培训体系以来，组织行业专家自行编写并由华中科技大学出版社出版《建设工程监理业务指南——从业必备》和《建设工程监理业务指南——卓越履职》两本教材。除基础培训之外，协会还充分利用各种社会资源与网络平台与兄弟协会联合开展了多场免费业务、技术培训，包括监理咨询行业履职专项检查讲评暨《建设工程监理规程》公益宣贯、《武汉市建设工地文明施工标准化图册》（2022）公益宣贯、新《安全生产法》解读暨"危

大工程安全管理"培训、全过程 BIM 咨询管理系列——施工管理专篇、全过程 BIM 管理——鄂州花湖机场项目弱电工程 BIM 应用等；会长汪成庆受铁四院公司邀请赴企业开展《立足全过程工程咨询新阶段 构建监理行业发展新格局之浅见》主题演讲；聚焦行业 BIM 大赛和全过程工程咨询，充分利用融媒平台 + 直播模式举办名师讲堂，协会特邀同济大学李永奎教授、河南省协会资深专家王郑平、浙江江南 BIM 事业部副总经理于海彬等莅临协会空中学堂，以经典案例为导向，用优秀经验为内容，每月持续不断为企业职工线上免费学习技能和提升技能提供丰富实用的职业培训资源。网上学习人数达 84500 人次，累计观看量达 20 万人次，直播点赞超 5 万，受到企业和在线参训人员的一致好评。

三是整合资源，实现行业职称评审新突破。作为武汉市常设行业职称申报受理点，协会通过对会员企业的需求调研，对企业从业人员中高级职称晋升需求量大、普遍存在通过率低、个人论文获奖少、申报专业受限、政策来源渠道少偏差大等问题，协会以专题报告、登门汇报等多种形式多次向市人社局、市考试院等部门表达行业诉求，得到政府部门的认可和支持。

为使从业人员更精准的领会职称申报政策，协会以"线上 + 线下"的形式专题举办多次武汉市职称评审政策宣讲及职称申报系统操作讲解专场会活动，送课到企业 23 次，特邀市人社局专家进行职称申报工作宣贯并做详细解答，全行业累计 5 万人参加学习。

结合历年受理点服务经验，完成《武汉市城市建设专业（工程建设管理等）职称评审工作总结》，由协会整理的《武

汉市城市建设专业（工程建设管理等）职称受理点服务内容要点说明》等总结材料作为市考试院宣贯讲评的示范交流内容，得到管理部门一致好评。

2022 年 5 月 5—18 日，协会圆满完成了全市工程建设全过程咨询与监理行业城市建设各专业中高级职称专场申报受理工作，共 70 家企业 297 人申报，其中高级职称 132 人，中级职称 165 人。经评审，专场通过率达 70.37%。7 月 21 日，《长江日报》以题为《助企纾困，留才用才，我市为建筑行业民营企业开展专场职称评审》对协会承办武汉市职称专场评审受理点工作进行了人物采访，对行业协会开展职称专场评审，助企纾困、激发人才活力所作的积极贡献给予了高度评价，文章转载率破万。

四是坚持鲜明新时代选人用人导向，使模范作用亮起来。2022 年 7 月，党支部书记汪成庆以《习近平新时代中国特色社会主义思想蕴含的马克思主义立场观点和方法》为题开展主题党课活动。深入浅出地对习近平新时代中国特色社会主义思想展开讲述，带领广大党员干部深刻领会了习近平新时代中国特色社会主义思想的内涵，并结合"火神山精神"，阐明了党员干部在行业发展中的使命与责任担当。

2022 年 11 月 19 日、2023 年 3 月 8 日协会党支部在全行业组织两场学习党的二十大报告主题活动，分别邀请中共湖北省委党校（省行政学院）教授冯占民（《科学擘画全面建设社会主义现代化国家新篇章》）和中共武汉市委宣讲团成员、市委党校教授翟一博教授（《中国式现代化推进中华民族伟大复兴》）作行业主题交流，全行业 4000 余位党员参与，通过线上线下持续学习的方式，不断将

党的创新理论转化为推动行业和协会各项工作的实践动力。

3）把牢"主动权"，坚持以精品示范强化党建引领，提升行业影响力。持续夯实协会党组织战斗堡垒作用，以党建为品牌，充分发挥党建品牌的引领效应、示范效应和融合效应，推动党建与协会工作同频共振、相融共进，不断积聚推动高质量发展的强大动力。

2. 践行社会责任，提升行业地位。多年来，协会积极主动带领企业谋发展，为经济社会发展作贡献，得到了社会各界的高度肯定。2022 年 11 月 16 日，中国建设监理协会成立换届工作领导小组，汪成庆会长作为全国唯一市级行业协会代表被推荐为换届工作领导小组成员。2022 年 12 月 22 日，武汉市社会组织综合党委以"党建引领 当好红色头雁武汉市全过程咨询与监理协会党支部书记汪成庆——让监理人更有尊严与信心"为题对协会党支部书记、会长汪成庆担负"党建第一责任人"使命，发挥党员干部先锋模范带头作用，在急、难、险、重等重要关头，率先垂范，勇于担当，团结带领全行业踔厉奋发、笃行不怠的先进事迹进行了报道，得到行业内高度评价。2022 年 5 月 12 日，协会秘书长荣获武汉市劳动生产优秀个人称号，市总工会建筑行业工会主席石绪国为其颁发五一劳动奖章和证书。在武汉市建筑行业工会联合会第二次代表大会上，经民主投票选举，协会当选为武汉市建筑行业工会联合会第二届常务委员会委员单位；同时，协会 2021 年举办的"学党史 跟党走 强监理 尽职责"网络知识竞赛活动受大会公开表扬，并被作为优秀业绩写入武汉市建筑行业工会联合会第二次代表大会工作报告中。

3. 课题研定，促进行业高质量发展。2022 年，受中国建设监理协会委托，汪成庆会长担任课题组组长，牵头分别开展《市政基础设施项目监理机构人员配置标准》转团体标准、《监理企业复工复产疫情防控操作指南》国家课题研究，均已顺利结题；作为课题组成员受邀参与中国建设监理协会《监理人员自律规定》《工程监理职业技能竞赛指南》课题研究；作为评审专家受邀参与中国建设监理协会《房屋建筑工程监理工作标准》《城市道路工程监理工作标准》《城市轨道交通工程监理规程》和《监理工作信息化管理标准》，市城建局《全过程咨询与执行建筑师负责制模式研究》《武汉市标准创新贡献资助办法（征求意见稿）》等多项课题评审工作，极大地提升了协会在全国的影响力。作为湖北省工程建设全过程咨询专家组副组长单位，多次受省住房和城乡建设厅委托开展湖北省、武汉市全过程工程咨询服务的政策研定工作，经广泛征求意见、多次修订后，12 月 9 日，湖北省住房和城乡建设厅正式发布《湖北省房屋建筑和市政工程全过程工程咨询服务导则》和《合同示范文本》，为湖北省企业开展全过程工程咨询服务提供了政策支持。

4. 开展调研座谈，找准问题、补齐短板。随着新冠疫情对建筑业的严重冲击，新常态下产业模式发展正展现出巨大潜力，我们能否带着这些思考和启示，将行业领向一个全新的春天？面对疫情的新常态和市场发展的新形势，企业该如何应对机遇和挑战？2022 年 7 月 21—24 日，协会特邀中国建设监理协会会长王早生在武汉分别走访调研了多家企业和行业协会，他用"蓄势待发，一鸣惊人"对武汉监理咨询企业历年发展成绩、人才优势

等给予高度肯定，同时对武汉企业战略规划、品牌建设、创新发展、企业信息化应用等方面给予了勉励和指导，让武汉协会和全体会员单位倍感温暖、深受鼓舞。

5. 新形式创新宣传平台，高标准打造行业品牌。与协会紧凑的工作节奏同频共振，行业协会"一刊一网一号"持续稳定地做好各类信息的及时发布与推送，在行业编委会、专家委和记者团的大力支持下，2022 年，协会微信公众号共发布了 139 条推文，单篇点击率高达 3915 人次，多篇文章被中国建设监理与咨询、市城建局、长江日报等媒体转载。截至 12 月底，协会微信公众号共计微粉 13537 人，较去年新增 6785 人，增幅高达 100.4%；网站共发布 105 条推文。2022 年，协会首推微信公众号视频

号，内容涉及专家课堂、分析讲评、演讲比赛等，同步开创抖音、西瓜视频等多媒体运营平台，视频制作 77 个，新增粉丝 1400 人，单篇最高点击量 4839 人次。收获网友大量点赞和转载。

6. 加强内训学习，强化团队建设。协会秘书处进一步确立服务宗旨，树立服务意识，培育过硬的服务本领，为行业和企业提供良好的服务。2022 年，秘书处、记者团根据学员需求不定期开展如常见应用文及其部分文种间的区别、新工会法解读、财务报销规定及流程培训、建设工程监理规范、商务礼仪分享、PPT制作经验分享、播音主持、演讲与口才等内容培训学习活动，提高人员素质，增加协会凝聚力。建立健全并注重落实各项制度，根据工作实践，整理出台《协

会会议制度》和《记者团采访手册》，规范日常工作。

2023 年，协会工作总体思路是：在习近平新时代中国特色社会主义思想指导下，加强行业正确的政治导向，紧紧围绕中心工作，以推动行业高质量发展为着力点，不断推动工程监理咨询行业创新、持续、健康发展；持续加强行业诚信自律建设，进一步提升监理咨询服务水平，在全行业营造良好的竞争秩序；鼓励企业走出去，拓展行业发展新领域新空间；努力在政策研究、人才培养、标准制度、行业自律、行业自治、转型升级、技术交流、行业宣传及自身建设等方面加大工作力度，推进武汉市工程建设全过程咨询与监理行业高质量发展。

北京地铁16号线丰台站暗挖区间隧道全断面注浆施工监理控制要点

李子刚

北京赛瑞斯国际工程咨询有限公司

摘　要： 北京地铁16号线丰台站暗挖隧道取消传统的地连墙截水帷幕，采用全断面注浆止水开挖方式，技术经济性好。采用水玻璃、水泥双液浆，造价低廉，并取得了较好的经济效果。本文阐述了隧道全断面注浆施工的监理控制要点。

关键词： 注浆加固；隧道全断面深孔注浆；监理控制

引言

北京地铁16号线丰台站后三线暗挖区间，受地面拆迁条件的制约，政府严格限制施工降水，造成不能降水施工，设计采用洞内深孔注浆止水的方案。

一、工程概况

（一）工程及设计概况

丰台站—丰台站站后三线端头区间（含施工竖井）为三个单洞单线断面，全部采用矿山法施工，两侧为正线，中间为停车线。二期注浆止水段（一期为地连墙截水帷幕）左线全长76m，右线全长86m，停车线全长82m。

区间隧道结构均为马蹄形标准断面复核衬砌结构，初期支护均采用钢格栅、钢筋网、喷射混凝土结构，内设一道临时仰拱。

隧道区间断面最大开挖尺寸6.6m×6.72m，初衬结构厚度0.3m，临时仰拱厚度0.25m。

（二）工程地质、水文情况

各土层岩性及分布特征见表1。本工程沿线地面下约54m深度范围内的松散沉积层中主要分布一层地下水，地下水类型为潜水，停车线拱顶位于水位线以下1.3m处，止水方式采用全断面注浆施工；正线板底位于水位线以下2.1m处，止水方式采用半断面注浆施工（图1）。

（三）工程重点、难点

全断面施工方法在卵石地层中的注浆止水效果是关键。暗挖区间整体位于卵石④、⑤层中，根据现场勘察，局部存在漂石。组织进行试验段专项施工，得出卵石地层施工中的注浆参数，保证注浆止水的效果。

尤其在高渗透性卵石层中，受地层变化及地下水含量丰富等不利工况影响，深孔注浆技术在应用过程中易出现"欠注浆""过注浆"等问题，技术难度较大。具体有以下几点。

1. 全断面深孔注浆技术在不同地层交界面位置，普遍存在孔末端是否可以形成扩散浆脉，浆脉是否可以有效搭接的问题，止水效果更难以保证。

各土层岩性及分布特征概述表

表1

成因年代	地层编号	岩性概述	围岩分级	土石可挖性分级
人工堆积层	杂填土①层	松散~稍密，稍湿~湿，含砖块、灰块，局部为水泥路面	VI	I
	粉土质素填土①1层	稍密，稍湿~湿，含砖渣、灰渣和植物根，局部为细砂质素填土		
	黏土质素填土①2层	很湿~湿，可塑，含砖渣、灰渣和植物根，局部为细砂质素填土；该大层厚度变化较大，1~3.9m，土质不均，工程性质差		
新近沉积层	卵石、圆砾②层	中密，稍湿，剪切波速V_s：329~363m/s，重型动力触探击数N：30~60，低压缩性土，含中砂约25%	VI	II
	细砂、粉砂②1层	中密~密实，稍湿，标准贯入击数N：13~25，局部含少量圆砾	VI	I
	粉土②2层	中密~密实，湿~稍湿，中高压缩性土，含云母、氧化铁	VI	I
第四纪沉积层	卵石③层	密实~中密，湿，剪切波速V_s：388~532m/s，重型动力触探击数N：43~100（63.5），低压缩性土，$D_大$：12cm，$D_长$：14cm，$D_一般$：6~9cm，亚圆形，级配较好，含中砂约30%，局部含漂石	V	III
	细砂、中砂③1层	密实，湿，局部含少量圆砾	VI	I
	粉土③2层	密实，稍湿~湿，低压缩性土，含云母、氧化铁		
	卵石④层	密实，湿，剪切波速V_s：493~615m/s，重型动力触探击数N：48~150（63.5），低压缩性土，钻探揭露$D_大$：15cm，$D_长$：18cm，$D_一般$：6~9cm，亚圆形，级配较好，含中砂约30%，局部含漂石	V	III
	细砂、中砂④1层	密实，湿，含云母，局部为粉质黏土夹层	VI	I
	卵石⑤层	密实，湿~饱和，剪切波速V_s：578~624m/s，重型动力触探击数N：60~150（63.5），低压缩性土，$D_大$：15cm，$D_长$：18cm，$D_一般$：5~9cm，亚圆形，级配较好，含中砂约30%，局部含漂石	V	III

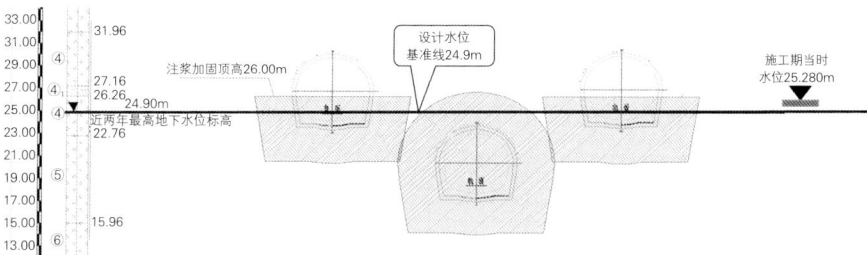

图1　注浆布孔示意图

2. 施工工效低，注浆施工和初支开挖工期长。需要分段一个循环一个循环推进，如出现局部渗漏水情况，须采取局部的临时封端—加强补注浆—再破面开挖措施，对施工进度有一定制约。

3. 开挖过程中洞内易出现不同程度的涌水涌沙情况，必须制定严密的应急保障措施，对施工单位应急保障体系的运行水平要求较高。

二、全断面注浆及半断面注浆工艺概况

注浆施工主要技术参数包括浆液选择及浆液参数，注浆管打设范围、间距，注浆压力等。

（一）停车线采用前进式分段注浆

前进式分段注浆是钻、注交替作业的一种注浆方式，即在施工中，实施钻一段、注一段，再钻一段、再注一段的钻、注交替方式进行钻孔注浆施工。每次钻孔注浆分段长度1.5~2m。止浆方式采用孔口管法兰盘止浆。

（二）左、右线施工采用后退式注浆

左、右线施工采用后退式注浆。分节钻孔，每节长度为2m，两节之间采用双孔专用接头和专用钻头钻孔。

（三）停车线注浆加固孔位布设

注浆止水帷幕注浆孔孔位分布在上半断面，共上下11排，52孔；下半断面底部共上下两排，共65孔。使用ϕ73mm钻杆成孔，帷幕壁厚3m。

（四）正线半断面注浆加固孔位布设

注浆止水帷幕注浆孔孔位分布在下半断面，上下九排，共54孔。使用ϕ45mm钻杆成孔。

三、监理控制要点

（一）钻孔施工

本工程最初采用坑道钻机，全液压履带式钻机 2 台，注浆机 3 台。由于地层复杂，鹅卵石大，调用大功率履带式潜孔液压钻机，大大缩短了成孔时间。

钻机定位准确，偏差不大于 5cm。钻杆角度不得大于 1°。钻孔时密切观察钻孔进度，如发生涌水情况，应立即停止钻孔先进行注浆止水（0.3~1MPa），并确认效果后，方可停止注浆向前继续钻孔施工。

每一断面完成一个循环，全断面一次注浆 10~12m，半断面一次注浆 8m。

（二）浆液制备

注浆范围内水层较深，且为潜水层，应采用浓度大、速凝的浆液即 A 液（水泥浆添加一定比例的添加剂）、B 液（改性水玻璃）及 C 液（速凝剂）的混合浆液注入地层。

注浆压力：注浆终压为 1.0~1.5MPa；扩散半径：浆液扩散半径为800mm。浆液使用具有流动性强、渗透性强、浓度高、速凝等特征的浆液：A 液，水泥浆采用普通硅酸盐 P.O42.5 水泥，配合比为水：水泥 =1：0.8；B 液，水玻璃采用浓度 42°Bé，配合比为水玻璃：水 =1：1；C 液，速凝剂。A 液与 B 液配比 1：1，B 液与 C 液配比为 1：1。A 液与 B 液、B 液与 C 液的使用量各占总量的约 50%。配制双液浆，浆液凝胶时间为 B 液与 C 液 5~10s，A 液与 B 液 60~90s。注浆量由加固土体方量或浆液注浆量来计算。

（三）注浆施工

注浆按程序施工，每段进浆要准确，注浆压力一定要严格控制在 0.3~1MPa，

专人操作。当压力突然上升或从孔壁溢浆，应立即停止注浆，每段注浆量应严格按照设计进行，跑浆时，应采取措施确保注浆量满足设计要求。注浆完成后，应采用措施保证注浆不溢浆跑浆。

因地质问题地层吸不进浆时，应采取选择合理的注浆终压，采取使用高压注浆泵、调整注浆材料等措施，特别是地层吸浆量小时，应采用注水泥浆，不应继续注入双液浆。

可用注浆量来检查注浆效果，又因为注浆方法为周边单排固结注浆，开挖后检查地层固结厚度，如达不到要求，及时调整浆液配合比，改善注浆工艺。

注浆次序为由两侧对称向中间进行，自上而下逐孔注浆。

注浆调整措施：

1. 冒浆

注浆过程中，由于浆液的进入，引起地层变化，封闭强度较低的地方，可能会冒出浆液，在冒浆处加以堵塞的同时改注 B 液与 C 液，停止冒浆时注 A 液与 B 液。

2. 注浆压力变化

注浆过程中，压力过低时应检查是否有漏浆，或浆液通过地下空洞流走，压力过高时应检查管路或混合器是否堵塞。注浆开始压力较低，随着围岩空隙被填充，需要一定压力劈开裂隙才能继续进浆。

3. 凝胶时间变化

水泥浆凝胶初凝时间为 B 液与 C 液 2~10s，A 液与 B 液 30~90s。

4. 注浆量调整

地层的注浆量是否适宜直接影响地层加固及止水效果，采用隔孔注入方式，既避免注浆孔互相影响，又使后注孔起到补充先注孔的作用，保证土体浆液扩

散均匀。

根据实际情况，应采取并调整适合的注浆方式：

1. 分区注浆

根据注浆试验段试验数据，确定每区的注浆材料和注浆参数。

2. 跳孔注浆

跳孔注浆可以有效地逐步实现约束注浆，使浆液逐渐达到挤压密实，促进注浆帷幕的连续性，并且通过逐步提高注浆压力，有利于浆液的扩散和提高浆液结石体的密实性

3. 由上游到下游

当存在较大的水流时，应考虑水流对注浆效果的影响。防止上游注浆时浆液顺流而下造成浆液不断流失。

4. 由下层到上层

由于浆液存在重力作用，钻孔中泥砂也会对下部造成堆积，宜采用由下至上的逐步提升的注浆顺序。

5. 由外侧到内侧

由外到内进行注浆，易将注浆区域围住形成注浆区域的挤密、压实，有效地实现约束注浆，提高注浆效果。

6. 定量—定压相结合

在注浆施工中，由于注浆扩散半径是一个选取值，它不代表浆液在地层中最大的扩散距离。在注浆施工中，当采取跳孔分序注浆方式时，对先序孔往往采取定量注浆，对后序孔采取定压注浆。

（四）止浆墙

注浆每一循环施工时，须在注浆面处设置一道止浆墙。本项目采用 300mm 厚 C25 喷射混凝土、工 22a@1000mm、φ6.0@150mm×150mm 钢筋网片，工字钢与钢格栅主筋同型号钢筋连接，间距 500mm。在施工时严格控制注浆压力，防止注浆工作面及台阶处出现喷浆

现象。

（五）注浆效果检查

通过对隧道开挖面进行直接观察，评估其渗透性及长期渗流稳定性，宏观评定注浆加固效果。开挖掌子面应浆液填充饱满，能自稳，无水或少水，且满足安全要求；径向注浆、填充注浆后隧道周围渗漏水明显减少。

一个循环注浆结束后，对注浆体内钻孔，用压水、注水或抽水等办法测定地基的流量及渗水系数，不合格的进行补充注浆。布孔的重点是地质条件不好的地段以及注浆质量较差或有疑问的部位。

对注浆体内使用取芯取样、地质雷达、CT透视等方法对注浆效果做出定量评价。

（六）监控量测

布设若干组地表沉降、洞内收敛、拱顶沉降点位。对出现涌水、仰拱隆起部位进行隧道加密监测。隆起处测点累计变化最大为4mm。至夹砂层处数据变化增大临近预警值，施工中周边地表无新增加裂缝及沉陷，隧道拱顶及井壁无裂痕。全程未出现预警，监测频率为1次/天，风险可控，做到了信息化施工。

（七）施工风险应急措施

制定隧道防坍塌、突泥、突水，抢险救灾，环境保护等应急预案、防控措施等。

四、经验与教训

（一）卵石层成孔困难

成孔钻进时，卵石强度大，大粒径卵石密度高，成孔困难、时间长，抱钻、糊钻使钻头出现严重磨损、断杆等现象。选择适合岩层的全断面硬质合金钻头及钻杆冲洗液。

（二）局部出现涌水涌沙现象

由于地层地质变化，停车线开挖至某里程出现夹砂层。即使整体浆脉分布良好，但水压大，砂层浆液损失率高，致使局部出现浆液分布不均匀，出现孔洞。严重的一次漏水伴有涌砂，立即启动应急预案，组织人员码沙袋、做引流，定位打孔，同步封面注浆，采取速凝浆液止水填充，有效止水后，进行补浆。

（三）针对夹砂层出现的涌水涌沙采取的技术措施

加密钻孔，孔数由65增至98个，由于打孔时反水反沙量变大，注浆顺序相应调整，判断水路来源，逐步封堵水头。

缩短注浆深度，由12m减少为9m，增加加固外扩范围土体，由外扩3m增至4m（依据实际注浆量反算），开挖6m。调整钻孔角度、外插角，确保孔末端扩散浆脉可以形成有效搭接，极大地避免了安全隐患。弥补补浆过程滞后的工期，但每一注浆周期的费用有所增加。

缩小发散角度，保证浆液咬合，使地层固结为一个整体，把双控（压力和注浆量）变为单控（注浆量满足压力要求）。

优化浆液比例，增加注浆量，针对砂层加大化学浆、双液浆用量，化学浆为液态扩散止水，双液浆为小颗粒状填充及增加强度，并辅助增加注浆孔数和调整钻孔角度、外插角。卵石层止浆墙由预留2m改为预留3m。

（四）注浆后土体开挖困难

注浆及因渗漏增加孔位加大注浆后，土体强度增高，增大注浆量后开挖困难。采用小型挖掘机破碎锤，人工风镐处理边角。

（五）下洞注浆过程中临时仰拱局部隆起

为使压浆密实，满足压力要求，导致出现临时仰拱隆起现象。采取多打孔少注浆的措施，为注浆前临时仰拱做支撑，最大限度地减少仰拱变形。

（六）夹砂层注浆量增大

按实际情况加大设计注浆范围。本区间所处的卵石层，具有富水高渗透的特性，3m的注浆范围难以保证全断面止水效果，扩大加固范围至4m。根据注浆量反算，此段夹砂层孔隙率最大达到0.51。

结语

该工程隧道全断面注浆，采用最为普通的水玻璃浆液，工法简单、技术成熟、成本低廉。与类似工况其他工程相比止水效果较好，取得了成功。到达了取消地面开挖、地连墙截水帷幕施作、地面征地、建构物动迁等繁杂冗长的工序，极大地缩短了工期，降低了工程造价，取得了较好的经济及社会效益。对于类似条件下的隧道开挖不失为一种值得推广的工法。

参考文献

[1] 彭春雷.注浆施工技术[M].北京：中国电力出版社，2019：65—71.

[2] 叶英.粉细砂地层浅埋暗挖法注浆加固技术指南[M].北京：中国建筑工业出版社，2013：33—41.

浅谈超高层建筑钢结构施工质量控制要点

胡 聪

湖北建设监理有限公司

摘 要：钢结构工程具有制作与安装过程专业性强、精度要求高等特点，厂内制作、检测、发运与现场安装各环节需紧密配合。尤其是超高层建筑钢结构工程，施工过程中对安装的精度要求十分严格，且现场安装过程中又与土建工程交叉作业，使得钢结构工程的施工质量控制与安全管理变得更为复杂。本文通过监理工程师在钢结构安装施工过程中的监理工作，分享一些施工质量控制的心得体会。

关键词：钢结构施工；五方责任主体；程序控制；信息化管理

引言

随着我国建筑施工技术的进步和材料性能的不断提高，超高层建筑层出不穷。型钢以其结构自重轻、强度高、塑性及韧性好、施工周期短等优点在超高层建筑以及大跨度结构中得到广泛应用。从安装精度到焊接质量的控制，从各施工工序的检查到隐蔽工程的验收，都需要项目各参与方的密切配合和协调管理。

一、项目概况

某新建建筑项目建设内容为：地上200.05m 42层超高层主塔楼一座，地上86.15m 18层高层副楼一座，地下车库三层。主塔楼结构形式为钢管混凝土框架—钢筋混凝土核心筒混合结构，设计建筑结构安全等级为一级，钢结构抗震等级为三级，大气环境对建筑钢结构长期作用下的腐蚀性等级为Ⅲ级，耐火等级为一级。钢结构工程用钢量约9000t，主要构件包括钢管柱、钢桁架梁、H型钢梁、钢楼梯、楼承板等。钢管柱连接采取焊接形式，H型钢梁、桁架梁连接采取栓接及栓焊结合的形式。其中钢管柱构件采用Q355C、Q355GJ—C、Q355GJZ—C级钢材制作，钢梁及其他构件采用Q355B级钢材制作。除焊接H型钢、箱型构件、T型构件等腹板与翼缘板之间全焊透焊缝（腹板厚度 t 不大于12mm）为二级焊缝外，其余对接焊缝均为一级焊缝（角焊缝为三级焊缝）。钢结构安装工程主要施工工艺包括钢结构的图纸深化及厂内制作、现场地脚螺栓的预埋、钢管柱的安装焊接、钢梁的安装与连接、钢管柱内自密实混凝土的浇筑、钢结构的防腐处理、钢结构的防火处理等。工程设计、施工、监理、加工、运输、检测等各方，通过信息化管理的方式，将钢结构施工过程中的信息传递、计划落实、驻厂监造、质量控制、检测验收、协调配合等工作落实，同时将疫情带来的影响降到了最低。

二、施工工艺流程及监理控制要点

（一）钢柱地脚螺栓的预埋

1. 预埋件的精度控制

基础预埋的准确性直接决定了后期构件安装的精度，为保障地脚螺栓群预埋位置的准确性及地脚螺栓相对位置的准确性，提前将地脚螺栓群用两层环形定位板固定，做成整体预埋件。地脚螺栓直径为 ϕ48mm，20根为一组，环形布置，环形定位板开孔直径为 ϕ50mm，保证地脚螺栓群各螺栓相对位置的准确性，同时采用经纬仪配合全站仪精准放线，保障钢管柱中心线与轴线的重合，为降低误差，地脚螺栓预埋固定后，每组地脚螺栓群抽查3根螺栓中心坐标，并在CAD中放样检查其位置的准确性，达到精度要求后，采用定位卡板将预埋件与型钢支架焊接固定，地脚螺栓外露丝扣部分用胶带缠绕保护，防止混凝土浇筑过程中污染丝牙。混凝土浇筑过程中全程采用全站仪和经纬仪对地脚螺栓进行平面位置监控，防止浇筑及振捣时引起预埋件偏位。

2. 监理控制要点

1）参加图纸会审和设计交底，掌握预埋件的尺寸、位置、规格和精度要求。基础顶面直接作为柱的支承面时，支承面标高允许偏差为±3.0mm，水平度为$L/1000$，螺栓中心偏移允许偏差为5mm。

2）对施工单位所用的测量控制点、放样基准线进行测量复核，对预埋件的规格、数量、安装误差进行检查，采用水准仪、经纬仪和钢直尺复测。

3）对预埋件的固定和成品保护措施进行验收，合格后方能进行下一道工序。

（二）钢管柱的制作及安装

1. 钢管柱的制作

本项目钢管柱的截面尺寸共分为$\phi1400mm\times30mm$、$\phi1250mm\times16mm$、$\phi1150mm\times16mm$、$\phi1050mm\times14mm$。由于圆管柱直径大、方向定位难等特点，钢构件加工制作精度和焊接质量是控制的重点。构件采取工厂加工方式，采用大型卷管机控制卷管制作精度，采用埋弧焊对卷管纵缝进行焊接，并进行100%无损探伤检测。出厂前，工厂质检人员会同驻厂监造人员对构件的尺寸、规格、焊缝外观

质量、无损检测报告等进行检验，形成质量记录，合格后方能出厂运输。

2. 钢管柱的安装

钢管柱安装前，先将上下钢柱的爬梯通道安装焊接完毕，经安全管理人员检查确认合格后方可进行吊装。现场钢管柱安装定位采取定位耳板辅以工装螺栓连接的形式进行定位。即在每节圆管柱的上下两端各安装4块耳板，耳板上根据尺寸要求配钻螺栓孔，钢柱上端每块耳板需开制一个较大圆孔，用以吊装时穿入卸扣。耳板轴线与钢柱牛腿轴线严格重合，定位时，将上下钢柱耳板对齐后，辅以2块连接板将工装螺栓穿入固定，利用经纬仪和钢尺对钢柱垂直度进行校核，保证垂直度误差满足单节柱：$H/1000$，且不大于10.0mm；柱全高：不大于35.0mm的规范要求。

3. 钢管柱的焊接

钢管柱的壁厚分布为14~30mm，现场焊接采取单面V形坡口加钢衬垫的形式，坡口角度为45°，坡口根部间隙为6mm，坡口钝边为0~2mm，焊接方法为GMAW，焊接位置为横焊，焊缝质量等级为一级。在已批准的焊接工艺评定报告和焊接作业指导书的要求下，由符合资格条件的电焊工进行焊接。以多层多道焊的方式进行，焊接结束后，焊缝应圆滑饱满，余高满足要求。焊接区域冷却后将焊缝两边各100mm区域打磨清理干净，由符合资质条件的检测单位进行内部缺陷探伤检测以及焊缝外观检查，若有返修处，返修至合格为止，但同一处缺陷返修不得超过2次。

4. 监理控制要点

1）钢管柱的厂内制作宜采取监理驻厂监造的方式，监理人员应对厂内原材的材质证明书、性能检测报告进行审

查，对需要进行材料复试的原材、防腐油漆进行见证取样、送检。

2）掌握钢管柱加工工序，对钢管柱的尺寸、圆度、牛腿定位、除锈等待检点进行检查验收。

3）现场安装时，对钢管柱的轴线、垂直度进行复核，焊前检查对接缝的错边量、间隙、钢衬垫的安装质量以及焊缝区域金属表面的打磨除锈情况。

4）对焊缝质量等级为一、二级的焊缝进行第三方探伤检测的旁站，一级焊缝检测比例为100%，二级焊缝检测比例为20%。

5）焊接材料应配备专用库房储存，并配有出入库及领用台账，焊条应配备烘箱及保温桶，防止受潮。

（三）钢梁的制作及安装

1. 钢梁的制作

本项目钢梁结构形式为H型钢梁和桁架式H型钢梁，H型钢梁制作工艺较为成熟，而桁架式H型钢梁的制作较为复杂。本工程设计有900mm高桁架钢梁，桁架梁与钢梁端部对接质量要求高，工厂加工制作难度大，效率低。为此，采取下列措施：①多层多道焊接，控制热量输入；②控制层间温度，焊前预热，焊后保温；③采用小坡口窄间隙焊接工艺；④V形坡口，防止层状撕裂。

钢梁的厂内制作主要采用埋弧焊的焊接方式，焊接设备包括门形埋弧焊焊接设备、半自动埋弧焊焊接设备。焊接用引弧板材质应与母材相同，其坡口尺寸形状也应与母材相同。埋弧焊焊缝引出长度应大于60mm，其引弧、引出板的板宽不小于100mm，长度不小于150mm。

2. 钢梁的安装

1）本工程钢梁构件繁多，类型和

规格各异，为了保证加工工厂与现场二者之间的统一，出厂时对每个钢梁构件进行条形码编码，构件安装后，再次扫描条形码，消除构件未安装状态，现场安装的条形码系统与工厂的条形码系统统一，条形码读入计算机系统后，立即自动转入钢结构加工厂内 ERP 材料模块，使得工厂及现场二者之间形成计算机网络化系统材料管理。

2）钢梁的安装在钢管柱校正后进行，分为钢管柱间连接的钢框梁、钢管柱与核心筒间连接的钢桁架梁，以及梁梁间连接的次梁。本项目选择 10.9s 级扭剪型高强度螺栓，采取摩擦型连接。高强度螺栓摩擦面采取抛丸法对表面进行处理，安装前应去除浮锈。钢梁安装施工过程中，在钢梁两侧预装快速落位卡板，辅以冲钉及工装螺栓快速落位。钢管柱侧牛腿节点采取圆孔螺栓群，核心筒侧采取腰圆孔螺栓群（消化核心筒墙体误差）。栓焊施工工艺为先栓后焊，再对焊缝热影响区高强螺栓补拧。高强度螺栓连接副施工验收合格后，应尽快进行防锈封闭漆的施工，防锈漆宜采用喷涂法施工，减少死角。喷涂前应将污垢清除干净并保持连接副表面干燥。

3. 监理控制要点

1）钢梁的制作宜采取监理驻厂监造的方式，对制作钢梁的原材、焊接材料、油漆进行见证取样和送检。

2）对钢梁的加工尺寸、角焊缝焊脚尺寸进行抽检。

3）现场安装时，应检查构件编号、数量及位置的准确性。

4）栓焊结合节点，严格按照先栓后焊的施工工艺，根据高强度螺栓连接副的施工规范要求进行检查和验收。

（四）钢管柱内自密实混凝土的浇筑

1. 自密实混凝土施工

钢管柱内浇筑混凝土，能提高构件的承载力、延性和抗震性能。本项目柱内浇筑的混凝土采用 C60 自密实微膨胀混凝土，通过分析比较采用自密实免振捣法进行管芯内混凝土浇筑，每节钢管柱上设置一个浇筑孔，混凝土自由落体高度不超过 2 层层高，采用地泵配合导管伸入浇筑孔内进行浇筑，浇筑前应对混凝土坍落度、扩展度等性能进行检测，并做好详细记录，浇筑完毕后注意观察管内混凝土高度，宜低于孔口 300~500mm，并刮去表面浮浆，混凝土表面凿毛处理，方便后续混凝土结合严密。

2. 自密实混凝土的检测

钢管柱混凝土密实度检测方法主要有人工敲击法、超声检测法、钻芯取样法。钢管混凝土浇筑完成后，可以用人工敲击法检查浇筑质量，人工敲击法是对钢管混凝土密实度的初步检测，如发现有异常情况，则应用超声检测法检测。钻芯取样法是用钻芯取样机对混凝土浇筑质量疑似部位进行环切取样，这种方法最能真实反映钢管柱内混凝土的浇筑质量，但是对于主体结构是一种破坏，应慎重采用，必须采用时需经建设、监理、设计单位同意。取样后，取样部位

的封堵应按设计要求进行。

3. 监理控制要点

1）浇筑前应确认混凝土浇筑范围内焊缝均已检测合格并完成验收。

2）浇筑过程中随机抽查混凝土的坍落度和扩展度，做好旁站记录。

3）浇筑完毕后采用锤击法抽查混凝土密实度，检查混凝土养护质量。

（五）钢结构防腐、防火涂装

1. 钢结构的防腐涂装

1）涂装前表面处理

为保证施工质量，所有构件材料在涂装前均应先进行冲砂除锈，冲砂除锈等级应达到《涂覆涂料前钢材表面处理 表面清洁度的目视评定 第 1 部分：未涂覆过的钢材表面和全面清除原有涂层后的钢材表面的锈蚀等级和处理等级》GB/T 8923.1—2011 中的 Sa2.5 级。

2）涂装位置及要求

除埋入混凝土中的钢构件、箱型及钢管截面内的封闭区、地脚螺栓和首节钢柱底板等被混凝土覆盖的钢构件表面不需要进行防腐漆的涂装，其余有防腐要求的钢构件除锈后应立即进行防腐涂装，防腐底漆、中间漆、防火漆或面漆应配套使用。防腐涂装要求见表1。

3）现场补漆

现场需补漆的部位包括高强螺栓连接副，⊥地焊缝及两侧 100mm 范围，

防腐涂装要求　　　　　　　　　　　　　　　　　　表 1

涂装要求	设计要求	符合标准	备注
表面净化处理	无油、干燥	GB/T 11373—2017	石英砂，不得重复使用
喷砂除锈	Sa2.5	GB/T 8923.1—2011	
表面粗糙度	R_z40~70 μm	GB/T 11373—2017	
环氧富锌底漆	75 μm×1	—	高压无气喷涂
环氧云铁中间漆	60 μm×2	—	
防火涂料	见防火要求	—	
面漆	50 μm与防火涂料配套使用	—	

注：标准全称见参考文献。

因碰撞脱落的部位。涂装前应除锈，清理焊渣、焊疤等污垢，表面处理应满足设计要求。构件涂层受损伤部位，修补前采用打磨机清除已失效和损伤的涂层材料，根据损伤程度按照专项修补工艺进行涂层缺陷修补，修补后涂层质量应满足设计要求并符合标准规定。

4）涂装检测

施工各道油漆时，应注意喷涂均匀，并达到设计的漆膜厚度，漆膜检测工具可采用湿膜测厚仪、干膜测厚仪。监理人员通过巡视和平行检验等方式对涂装质量进行检查和复测，并配合有资质的第三方检测机构对油漆厚度进行检测。

2. 钢结构的防火

防火涂料产品应具有经消防部门认可的，国家技术监督检测机构检测后提出的耐火极限检测报告和理化性能检测报告，生产厂家需有消防部门核发的生产许可证、产品合格证和详细的施工说明。涂料的喷涂，应由经过培训合格的专业队伍施工。对喷涂的技术要求和验收标准均应符合现行国家标准《钢结构防火涂料应用技术规程》（T/CECS 24—2020）的规定。防火涂料不得腐蚀钢材，且与防锈底漆、中间漆、面漆相兼容。防火涂料厚度应根据防火试验结果确定，钢管柱涂装厚度不小于30mm，钢梁涂装厚度不小于15mm。

3. 监理控制要点

1）检查防腐油漆的质量和涂装工艺，包括油漆的产品合格证、性能检测报告等，油漆的复试需见证取样送检。

2）构件的表面处理、涂装遍数、间歇时间和涂装方式。

3）审查防火涂料施工单位资质，防火涂料的耐火时间和涂层厚度由专业检测机构通过试验确定。

4）施工前应进行防火涂料样板工程的施工，样板工程验收合格后方能进行大面积的涂装施工。

5）钢结构防火涂料施工结束后，应组织和邀请当地消防监督部门、建设单位、建筑防火设计单位、监理单位、施工单位等相关单位的工程技术人员组成验收小组，联合进行消防竣工验收。验收组检查各项质量、指标都符合标准，即为合格，通过验收，如有个别不符，应视缺陷程度，分析原因和责任，视具体情况，责令限期整改再验收，直到验收合格后防火涂料工程才算正式完工。

三、钢结构安装施工资料的管理

1. 钢结构施工资料是对建筑施工质量情况的真实反映，同时也是工程质量评定和验收备案的依据之一，是工程建设和管理的依据。钢结构作为主体结构之一应按子分部工程竣工验收，钢梁及楼承板按层划分检验批，钢柱按节划分检验批。

2. 资料要具有及时性、真实性、规范性。监理人员在会签各种工程验收资料的过程中，应严格审查资料的内容和表格的规范，对相关人员的签字进行检查对比，防止出现代签、漏签现象。

3. 涉及安全和功能的原材料、成品质量合格证明文件，中文产品标志及性能检测报告等应为原件。

4. 特种作业人员的上岗证，全站仪、经纬仪、水准仪的检测合格报告等，必须报备以后方可上岗、使用。

结语

随着国家经济建设的大发展，各种超高层、大跨度、异形结构项目中钢结构工程的占比越来越高，随之而来对钢结构施工的质量要求也日益细化、严格，监理人员必须不断学习积累，熟悉施工工艺和各项质量控制要点，落实质量管理程序控制。在日常工作中，利用信息化手段，通过旁站、巡视、平行检验、专项验收、联合验收等多种形式，严把质量关，通过事前和事中控制，督促"五方责任主体"履职，及时纠正和消除质量问题，杜绝发生质量事故。认真履行监理职责，提高工程监理质量控制的管理水平，体现监理工作的价值。

参考文献

[1] 钢结构工程施工质量验收标准：GB 50205—2020[S]. 北京：中国计划出版社，2020.
[2] 钢结构焊接规范：GB 50661—2011[S]. 北京：中国建筑工业出版社，2011.
[3] 钢结构高强度螺栓连接技术规程：JGJ 82—2011[S]. 北京：中国建筑工业出版社，2011.
[4] 自密实混凝土应用技术规程：JGJ/T 283—2012[S]. 北京：中国建筑工业出版社，2012.
[5] 热喷涂 金属零部件表面的预处理：GB/T 11373—2017[S]. 北京：中国标准出版社，2017.

探索隧道工程监理服务提升新举措

黄良根　陈　勇

江西中昌工程咨询监理有限公司

摘　要：本文主要记述了苏州国际快速物流通道二期工程春申湖路快速化改造项目CSH-JL03标在监理实施过程中的有关工程安全、质量、进度控制管理的工作方法和措施，以及如何通过相关的监理工作手段实现了监理工作的目标。

关键词：阳澄西湖隧道；监理工作；总结

一、工程简介

苏州国际快速物流通道二期工程—春申湖路快速化改造工程施工5标阳澄西湖隧道设置一条主线加一对出入口匝道，起于K9+830处，道路设计为城市快速路双线六车道，以隧道形式由西向东沿旺巷港河北、林家港河北布线，穿过苏州高校教育组团区域，在湖滨路东进入阳澄西湖，并在园区黄金水岸广场登陆接地，终点桩号K14+299.287，主线全长4.47km；主线入口敞开段里程K9+830~K9+970，长140m；主线出口敞开段里程K14+100~K14+299.287，长约199.287m；暗埋段里程K9+970~K14+100，长约4130m，其中湖区段约2685m。入口匝道隧道里程RK0+000~RK0+825.48，总长825.48m；敞开段里程RK0+000~RK0+200，长200m；暗埋段RK0+200~RK0+825.48，长约625.48m。出口匝道里程CK0+000~

K1+102.592，总长1102.592m；敞开段里程CK0+000~CK0+200，长200m；暗埋段CK0+200~CK1+102.592，长902.592m。

二、项目特点

（一）工程体量大、日产值高，考验施工组织能力

本项目为苏州在建市政建设单体投资最大的标段，合同工期为2年，建筑面积约18万m²，相当于25个足球场。平均日产值412万元，高峰期达近1000万元，主要产值体现在湖中钢板桩、基坑围护结构钻孔桩、地连墙、工法桩同时施工。

同时受湖区汛期等不利水文气象条件影响，制约因素多，经市环保局、水利局多次论证，湖区围堰采用了两期施工方案，以确保水体流通，水质优良。

这样的施工方案对于工期控制要求严格，造成有效施工时间短、工期进度

压力大，围堰施工分期分仓，各工序必须衔接有序，平行作业、流水作业科学安排，统筹考虑。

（二）施工场地狭长、日材料消耗量大、材料与设备物流困难

陆地段隧道在苏州大学与保险干校、相城中专之间穿越，教育组团间空间狭小，且主线隧道的分离匝道在此出地面。

湖域段有效作业面受围堰阻水总长度的制约而不能多点推进，要在较为狭窄的区域内创造出大量的施工产值，对项目施工组织能力和资源整合能力都是一项巨大的考验，更是对项目团队集体智慧的挑战。

高峰期每天需要钢筋500t（12车）、混凝土3000m³（200车）、土方运输车5000m³（350车）、其他各类周转材料200车，日流量达到近800辆车次，现场工地的物流运输组织压力极大。

（三）危大工程多、安全风险大、环保要求高

超过一定规模的危险性较大的分部分项工程有深基坑工程、钢板桩围堰工程、模板工程及支撑体系、起重吊装及起重机械安装拆卸工程，以及桥梁拆除工程。林家路处基坑最大深度24.63m，地下连续墙施工起重高度大于50m，单件重量达到800kN，基坑开挖深、断面大，施工难度大，安全管理风险极为严峻。特别是穿阳澄西湖段落水下作业，对水文环保要求标准高。

（四）基坑开挖深、宽，主体隧道混凝土抗渗防裂要求高、质量目标定位高

质量管理目标：创国优，争"鲁班奖"。

安全管理目标：杜绝安全事故，建设"平安工地"。

绿色施工四节一环保管理目标：确保达到"江苏省绿色施工示范工程"，力争"国家绿色施工示范工程"。

文明施工管理目标："江苏省建筑施工标准化文明示范工地"。

（五）施工组织难度大、资源整合任务重

由于工期异常紧张，所需设备、材料必须一次性投入，同时使用；全断面施工，施工过程中存在多工作面、多工序交叉，现场布置有三轴搅拌桩、旋挖钻、成槽机、CSM双轮铁深搅设备、履带式起重机、吊车、挖掘机、自卸汽车、混凝土运输车、材料运输车等，机械设备布满后场地狭小，施工只能见缝插针，现场施工组织难度极大。由于受施工段落、拆迁和工作面等因素的影响，要在较为狭窄的区域内创造出大量的施工产值，对施工组织能力和资源整合能力都是一项巨大的考验。

三、质量管理提升措施

（一）高定位建设品牌创优阵地

运用BIM模型结合计划工期推演施工方案，以空间三维角度验证方案实施可行性，进而优化调整施工顺序、关键时间节点以及资源配置，确保最终施工方案的安全、合理、经济，提高施工效率，降低资源损耗。同时与同济大学、苏州市混凝土制品研究所等科研单位强强联合，联系国内混凝土方面专家，组成研究团队，立项新课题，对水下大体积混凝土的抗渗抗裂进行专项研究。为确保施工质量和施工安全，引进的新工艺、新工法，采取的措施主要有：深基坑变形观测自动预警系统；基坑钢支撑轴力采用应力伺服自动补偿系统，对支撑轴力进行全天候不间断补偿；附加防水中埋式止水带采用专用夹具固定，确保安装质量；主体侧墙钢模板抗上浮钢筋的重复利用；基坑开挖前基坑封闭降水的运用；地下工程预铺反粘防水技术利用；不明水头条件下侧墙渗漏率的降低；单侧大钢模抗上浮稳定性的改进；降水自动监测系统并入信息化系统连接到手机APP；全面推行钢筋加工、模板设计、保护层控制等"生产加工制造精细化、工厂化"；泥浆处理采取脱水干化无害处理方法；降水井采取无砂管取代铁管方法。通过工艺微改进、设备微改造、工法微改良，提升工程品质。力求打造新时期国内"高品质、科技、绿色、安全、和谐"超宽超深水下叠层隧道示范工程。

（二）多维度提升班组标准化体系

通过强化班组能力建设，推进农民工向产业工人的转变，建立了项目部—工区—班组三级管理体系，实施班组管理"六步走"流程（班前教育、班前检查、班中巡查、班中清理、班后交接、班后小结），提高员工素养，达到生产进度、安全质量共赢。

建设的两处标准化钢筋智能加工集中配送中心，配备了钢筋笼滚焊机、智能钢筋弯曲中心、智能钢筋弯箍中心、锯切套丝打磨生产线等智能设备，现场形象、产品质量、施工进度均有了较大的提升，人工成本大幅降低，企业科技化、规范化、标准化施工管理水平明显提高（图1）。

（三）完善和落实质量管理制度

在工程施工中，监理部严格按照业主、代建等上级单位相关要求，结合公司《工程建设监理标准化管理手册》和《程序文件》指导性文件，建立健全以总监理工程师为第一责任人，总监代表、驻地工程师具体负责的工程质量管理领导小组，建立总监办、驻地办二级质量

图1 智能加工设备

管理体系。

始终坚持"百年大计，质量第一"的原则，以质量管理体系为依托，建立健全各项规章制度，监理部集中编写并下发了《样板工序验收管理办法》《创优管理办法》《质量管理办法》《商品混凝土管理办法》《质量安全管理体系》《工程奖罚一览表》《夯实工程质量管理实施细则》等规章制度，牢固树立质量功在千秋意识，践行主体责任、领导责任、管理责任，以抓关键岗位、关键人员（现场监理人员、工区经理、质检员、工区技术负责人、工班长、振捣工、木工、钢筋工等）管理，提升主体结构施工质量，做好质量管理工作，努力创建工地标准化建设，打造精品工程。

（四）方案先行，样板引路

"方案先行，样板引路"是监理部进行质量管理工作的主要思路。在施工过程中，本着起点高、严要求的宗旨，要求承包单位拿出可行的方案。对每一项工程都规定了详尽的、切实可行的工艺标准。至目前经专家评审的《高大模板支撑体系》《降水设计及施工》《围堰专项施工方案》《地连墙钢筋笼吊装专项施工方案》《履带式起重机安装、拆除安全专项施工方案》《深基坑施工专项方案》等12个专项方案，针对"二工区纵向栈桥增设""中国人寿保险干校沉降变形预警分析"等专项问题召开专家咨询会4次（图2）。

为了保证分部分项工程施工质量，明确施工质量标准要求，按《春申湖路快速化改造工程首件工程认可制实施办法》的有关要求落实首件制度，对项目主要的分部分项工程开展首件认可。"首件工程认可制"按照"预防为主，先导试点，总结推广"的原则，对首件工程

的各项工艺、技术和质量指标进行综合评价，确定最佳工艺，建立样板工程，以指导后续工程批量生产，预防后续批量生产中可能产生的各种质量问题。监理部始终贯彻"以工序保分项、以分项保分部、以分部保单位、以单位保项目"的质量创优保障原则，抓好关键性分项工程的首件工程质量，规定完备的施工指导意见，将首件工程取得的经验推广、应用。

（五）实行三级技术交底制度

为了使各技术人员、施工班组与项目部做到统一操作方法，明白公司的质量目标、标准，结合BIM技术实行技术交底三级制度：项目总工对项目部工程管理部，项目部工程管理部对现场技术骨干，现场技术骨干对班组全员进

行层层书面交底。监理部为提高全体监理人员的整体素质和业务水平，以集中会议学习的形式就各施工方案中的重难点、各监理实施细则，分批分时进行全体交底并对主要质量控制要点进行考核（图3、图4）。

（六）严格过程管控，确保质量达优

1.现场管理

1）加强施工技术方案管理和执行。严格落实"方案先行"的相关要求。对深基坑土方及拆安换支撑方案、高大模板支撑施工方案严格按照《危险性较大的分部分项工程安全管理规定》要求相应履行方案上报相关资料，经审批审查及验收程序，各工区、工班严格按照经审查通过后的专项方案组织施工，不得擅自修改专项施工方案，不得擅自变更

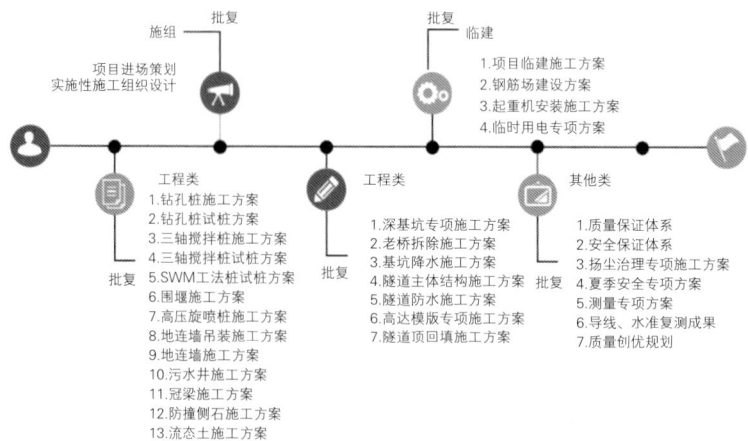

图2 质量管理工作思路

图3 钻孔桩施工工艺动画交底

图4 制作土方开挖施工工艺动画交底

现场施工内容。

2）加强各分部分项工程和现场工序验收。施工过程中坚持高标准、高要求开展各分部分项工程和现场工序报验工作，严格履行自检程序，不得未经报验擅自进入下道工序。根据规范规程及经审查完成后的方案及时开展验收工作，提升验收质量，杜绝形式主义，同时试验、测量配合做好监督工作。

3）严格履行分部分项工程和专项施工方案的安全及技术交底工作，落实班前讲堂制度，严禁未经安全及技术交底的作业人员进入施工场地开展施工活动，对于施工风险大、难度高的重要节点部位组织多次交底程序。积极组织召开专题会，总结开展专项攻关改进提高。开展质量反思活动、观摩交流学习活动及专项质量讲座。

4）严格落实首件工程认可制度。按照《春申湖路快速化改造工程首件工程认可制实施办法（试行）》相关文件的要求认真开展首件工程施工。各工区、施工队伍密切配合，使首件工程认可工作切实贯彻执行。评选优质样板工程，组织观摩，交流推广经验。

5）全面开展施工现场质量通病防治。实行监理部检查、工区排查、项目部质检部门巡查、工班自查的质量通病防治体系，每周开展现场质量通病防治和质量大检查。质量通病防治工作应确保实效，加强预控，全面覆盖，整改落实。

2. 主体工程

1）全面加强隧道大体积混凝土施工质量管控。严格控制浇筑分段长度不超过30m，分区分块，浇筑分层厚度不超过40cm、布灰长度不超过6m，严格监督浇筑时间、振捣质量、混凝土养护等现场工艺环节。同时对后场商品混凝土从原材料、配合比和供应运输等几方面加以控制，确保商品混凝土质量稳定可控。

2）防水施工质量是隧道质量管理的关键环节。从材料采购、质量检测，现场施工管控两方面加以严格控制，关注施工缝、变形缝等重点位置的防水施工处理，落实相关管理责任，加大检查验收力度，确保防水施工质量达到设计规范标准。

在材料采购中，物资从源头上进行管控，试验加强进场验收，物资员和技术员规范材料存放，杜绝各类不合格产品进入现场。

在施工工艺控制中，必须严格按照施工图和相关防水施工规范的要求开展现场施工管理，相关防水施工界面必须清晰规范。预铺反粘防水卷材需注意防水基面的处理，做到基本无明水且平整坚实；注意长边短边搭接处置，必须搭接牢固不起边，采用滚辊压实，特别是竖向施工时需采用橡皮锤等工具进行夯实固定，钉孔位置需按规范要求设置在搭接边内并做后处理，防水附加层中心位置与变形缝位置一致，搭接满足设计要求。各类止水带需注意原材料在施工过程中的保护，相关预埋固定位置需准确，严控其搭接质量。同时对聚氨酯、遇水膨胀胶条、丁腈软木橡胶等施工质

量进行严格把关。施工缝、变形缝、桩头、穿墙管、格构柱、阴阳角处理等细部防水，严格按照设计要求施工，特别是勿要遗漏设置遇水膨胀胶带。

3）做好主体模板等关键性周转材料的管控。模板设计、支撑系统相关受力验算必须经审核后登记存档。对模板进行预拼装和验收工作，只有验收通过的模板方能使用。严格控制背部结构型钢尺寸、间距，必须满足现场施工质量需要。施工前做好模板拼缝、表面整平打磨、优质长效隔离剂涂刷的检查验收（图5、图6）。

4）加强主体结构钢筋绑扎及预留孔洞、预埋排水管、铁件等的质量管控。位置、尺寸列表，按表加强检查验收，加强事前控制和事中管理，建立规范的验收标准和形成良好的施工习惯，形成质量的常态化管理。施工发现问题及时跟设计反映，督促设计解决，不耽误现场施工；同时需特别注意与机电单位的交叉施工问题，保持及时有效的沟通，确保隧道主体结构的顺利推进。

5）确保基坑土方开挖及支撑施工始终处于受控状态。土方开挖和支撑施工直接关系到项目进度和基坑总体安全。需始终保持常态化管理，按照已审批方案严格执行落实，严格执行开挖任务单、钢支撑架设及拆除令，密切关注周围环境、

图5　主体结构侧墙施工工艺

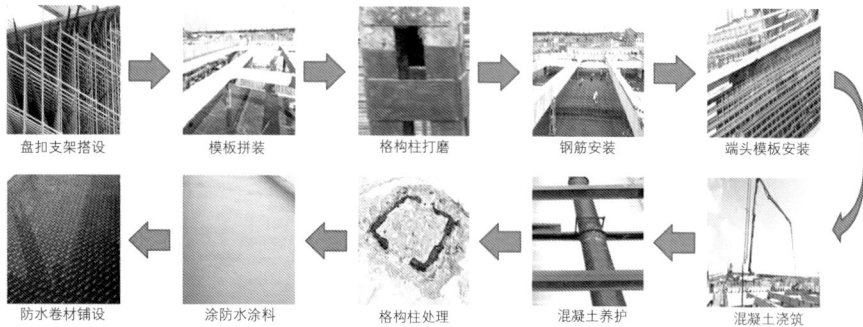

图6 主体结构顶板施工工艺

盘扣支架搭设　模板拼装　格构柱打磨　钢筋安装　端头模板安装
防水卷材铺设　涂防水涂料　格构柱处理　混凝土养护　混凝土浇筑

建筑物沉降、管线变化、基坑变形，并加强过程监测，严格落实应急准备实施，做好恶劣天气不停工应急处理保障措施。

6）规范落实现场标准化施工要求。重点在现场便道、材料堆放、照明监控、文明环保、样板工程评选等方面进行管理，加强认识、提升站位，切实做好现场标准化施工管控。

3.商品混凝土管控

1）进一步加强商品混凝土管理制度落实。根据指挥部针对春申湖路项目实际情况制定商品混凝土管理办法，细化制定了切实可行的自拌站商品混凝土管理办法、安装拌和监控信息化平台。材料从源头和储存质量加以控制，加强质量检测留样，从混凝土供应的控制措施、现场施工管控要求、施工应急处理方案等几方面对商品混凝土的质量进行了全面的要求，从严从细控制商品混凝土的拌和、运输及施工质量。对拌和站在制度落实方面从严监督考核。

2）加强混凝土原材料和配合比的质量管控。对混凝土厂家原材料质量进行严格把控，杜绝以次充好现象。同时在存储、验收、检测等方面严格管理，确保原材料质量稳定可控。配合比设计需严格按照有关程序确定，施工配合比由专人按规定进行微调，不得未经批准

擅自调整施工配合比，派试验专监常至拌和站，在过程中严加控制。

3）各拌和站需落实混凝土供应过程中的质量管理。监理部按要求落实专人驻场，负责混凝土供应整个过程的质量管理，确保混凝土从材料准备、材料检验、场地堆放、配比使用、生产调整、计量误差、上料、搅拌时间、拌合物性能、运输过程到浇筑振捣成型全方位受到监控，驻场过程中应按要求填写驻场检查记录表。同时，各拌和站需确保混凝土供应运输能力，确保混凝土供应稳定连续，到场混凝土外观和性能质量满足施工要求。

4）本项目为更好地管控商品混凝土质量，在主供商混站落实智能管控系统。试验室需充分利用智能管控系统的优势，加强对商混站的管理力度，不得擅自拆卸有关设备，在工程中及时反馈系统使用的有关情况和建议。

四、树立红线意识，底线思维，严控安全文明施工管理

苏州阳澄西湖南隧道工程主线全长4.47km，其中涉及阳澄湖湖域内施工长度为2.1km，阳澄湖是国家"二级水源保护地"，因此对工程环保施工提出极高要

求。在施工过程中，项目总监理工程师深入施工现场实地明察、暗访督导安全生产工作，始终坚持以文明工地管理为抓手，全面提升现场标准化作业和安全质量管理。坚持"安全第一、预防为主、综合治理"的方针，严格执行国家、江苏省、苏州市的各项安全生产法律、法规、规章制度及有关安全管理制度，全面推行施工安全标准化管理，确保人员、设备和工程安全，杜绝安全事故，建设"平安工地"全面推行施工标准化管理。监理部门明确了目标、细化责任、强化保障、攻克难点，努力达成工程环保高要求，解决了安全和质量、进度问题。要求承包单位要坚持问题导向，狠抓关键环节，牢固树立红线意识和底线思维，从严从实从细开展大排查、大整治专项行动，坚决防范和遏制各类安全生产事故发生，要高度重视安全文明生产工作，坚决杜绝责任不明确、制度不落实等问题发生；切实履行安全文明生产主体责任；要常态化开展安全文明生产隐患排查、整改工作，及时整改发现的问题，全面消除各项安全文明生产隐患，确保隐患整治不留死角；要健全完善安全文明生产管理制度、生产标准体系，不断加强员工和作业人员安全教育和监督培训管理，确保各项安全文明规章制度落实到每个岗位、每个环节、每位员工。使施工及生活场地整洁有序，确保达到"江苏省建筑施工标准化文明示范工地"。

五、紧扣节点工期，抓划调度，争分夺秒保进度

监理深知工期紧、任务重。工程进度的快慢直接关系到工程建设项目能否按期竣工和投入使用，是每位工程人员

心中的焦点。监理部前期统筹规划、合理安排，督促承包单位加大人力、物力投入，实行"三班倒"工作模式，全体参建人员5加2、白加黑，"穿上雨衣就是晴天、打开电灯就是白天"，做到现场随叫随到，及时到达第一现场解决问题，争取实现两天一变化，五天一形象。开启24小时不间断施工，克服了工期紧、任务量大的难点。在确保安全和质量的前提下，发扬"开局就是高潮，起步就是冲刺"的精神，全力以赴紧扣节点工期，白天抓进度晚上抓调度。攻坚克难，迎难而上，争分夺秒抢工期，日夜兼程保节点，工程一线全面开启"无休"奋战模式。如此，极大地缩短了施工工期，同时制定了"零缺陷，零整改"的工作目标，科学编排施工计划，合理利用人机资源，全方位做好风险识别，设立预防提示，属地职责落实到人，确保在质量和安全"双保障"的前提下，高效完成各项施工任务。

六、施工中新技术、新材料、新工艺的应用情况

（一）设立创新工作室，立项科研课题

项目部设立"科技创新工作室"，对BIM技术在超长、超深、超宽叠型穿湖隧道工程施工中的应用、复杂地质超深地下连续墙施工防坍技术研究、高水位超宽叠型下穿阳澄西湖隧道综合施工技术研究、深基坑降水及自动化监测在超长、超深、超宽叠型穿湖隧道工程施工中的应用等4个项目立项研究，积极实施运用"四新"技术，力求打造品质工程。

（二）提升工地智能化水平

应用"BIM技术"对工程进行数字化建模，形象生动地展示项目结构、概况，便于施工过程中的碰撞检查；对深基坑降水采用自动化监测系统，应用手机软件，实时采集数据、实时传输、实时监控、实时预警，确保施工安全。

（三）采用新工艺提升功效

对钻孔桩桩头采用"环切法"，不仅大大提升了效率，而且有效控制了桩头的标高和完整性；使用钢筋间距"新卡具"，控制钢筋的间距，使钢筋横平竖直，间距均匀而统一；在侧墙施工中采用"水保湿保护膜及外加滴灌"养护技术，加快了混凝土强度形成，缩短了支撑拆除时间；路基回填采用自密实水泥土，减少了外弃土，加快了施工进度，提高了施工质量。

（四）积极应用"十大"新技术和新材料、新设备

本工程运用的新技术如下。

1. 地基基础和地下空间工程技术：型钢水泥土复合搅拌桩支护结构技术、地下连续墙施工技术、CSM桩施工技术、伺服系统基坑变形控制技术、流态水泥土施工技术、土方按顺序分层分段开挖施工技术、长大隧道坑中坑开挖技术、穿湖隧道钢板桩围堰施工技术。

2. 钢筋与混凝土技术：高耐久性混凝土技术、混凝土裂缝控制技术、高强钢筋直螺纹连接技术、建筑用成型钢筋制品加工与配送技术。

3. 模板脚手架技术：销键型脚手架及支撑架。

4. 绿色施工技术：封闭降水及水收集综合利用技术，建筑垃圾减量化与资源化利用技术，施工噪声控制技术，施工现场太阳能、空气能利用技术，施工扬尘控制技术，施工噪声控制技术，绿色施工在线监测评价技术，工具式定型化临时设施技术。

5. 防水技术与围护结构节能：地下工程预铺反粘防水技术。

6. 抗震、加固与监测技术：深基坑施工监测技术，受周边施工影响的建（构）筑物检测、监测技术。

7. 信息化技术：基于BIM的现场施工管理信息技术、基于物联网的工程总承包项目物资全过程监管。

结语

本工程自2018年4月进场，2018年11月15日正式开工至2021年7月1日正式通车。在本项目实施过程中，严格按照设计图纸和国家规范、标准施工，严抓安全、质量关，制定了一系列管理制度，提高参建人员安全、质量意识，落实安全质量检查制度，加大隐患排查力度，在实施过程始终使每个环节都处于可控状态，有效保证了本工程安全、高质、高效完成。

配网大型停电施工监理工作之策划

白天明　黄云乐　林滨鹏

广东诚誉工程咨询监理有限公司

摘　要：监理单位在配网大型停电施工中如何发挥应有的作用，既配合业主高效地组织协调，又精准地监督施工单位组织施工，使停电施工的安全、质量、进度得到有效控制，避免延时送电，做好监理策划是关键。

关键词：配网大型停电；审核；延时送电；策划

前言

随着我国城镇化建设对老旧小区的10kV配电线路、设备进行系统化改造升级增多，为减小多次重复停电对居民生产生活造成的影响，有计划地组织配网大型停电施工势在必行。监理单位在配网大型停电施工中如何发挥应有的作用，既配合业主高效地组织协调，又精准地监督施工单位组织施工，使停电施工的安全、质量、进度得到有效控制，监理工作策划是关键。

一、配网大型停电施工特点

（一）停电线路复杂，点多面广

大型综合性停电一般都会涉及多条线路、多个配电房、多个台区，作为监理人员必须首先准确摸清楚停电施工所涉及线路走向、配电房、台区位置，需要分几个作业点，接地点位置等。

（二）作业人员众多，要分组管控

大型综合性停电一般分多组施工作业，设指挥部统一指挥，作为监理单位也要根据施工分组情况，每组派出合适的监理人员跟踪到位开展监理工作，做到交底清晰、分工明确、责任到位、协同作战。

（三）易受不确定性因素影响，造成延迟送电

大型综合性停电一般作业时间较长，受天气、交通、材料设备、人为等不确定性因素影响较大，极易造成未按计划完成施工延迟送电。

（四）接地点多，情况复杂

大型综合性停电一般都会涉及多个交叉跨越，接地点情况复杂，接地线组数会比较多。

（五）涉及专业较多，协调困难

大型综合性停电一般都会涉及施工、带电作业、调度、配电运行、保供电等多专业人员，需要各方人员密切配合，按计划高效、有序地衔接工作，才能确保停电施工作业正常进行，协调工作量大，有难度。

（六）涉及外协单位

因大型综合性停电一般会涉及城管、交通、航道、通信、水务等外协单位，因此，业主方需要提前与这些单位沟通、协调处理相关事宜，监理必要时需协助业主召开外协单位专题会议协调处理此类问题。

（七）易遭居民投诉，难于解释

大型综合性停电往往会涉及商铺、鱼塘，大跨越等，协调不好极易遭到投诉。

二、配网大型停电施工监理工作策划

（一）参与现场勘查、充分了解停电范围

在大型综合性停电施工的前一周，监理一定要参与业主方组织的设计、施

工、供电所等人员参加的现场勘察工作，充分了解停电施工的范围、工作任务、作业点、接地点（接地线组数）、交叉跨越情况，并提前对跨越架验收。

（二）组织召开停电方案审核会议，提出监理审核意见，督促施工单位按审核意见修改停电方案，通过后签署审核意见

停电施工前，组织召开停电方案审核会议，提出如下监理建议。

1. 审核施工分组及人员是否充足。

2. 审核施工总平面图及各个工作小组作业范围及任务单线图是否与现场实际相符。

3. 复核各个工作小组作业范围内接地点及接地线组数。

4. 监理提前复核总包、分包单位人员证件，检查施工机械、安全工器具，确定材料设备检查的时间、地点、接洽人。

5. 审核防疫工作方案及准备情况。

6. 审核施工方案应急处理措施是否齐全、完善。

（三）提前参与工作票预审

监理负责人要求施工单位提前上报电子版工作票，并根据现场勘察结果，对票面内容如工作任务、工作范围等进行复核、预审，以免出现错票、漏项等情况，耽误作业时间。

（四）作业人员、设备、材料预控

监理负责人组织总包、分包相关人员，按照会议约定对作业人员分组，检查其证件，提前检查安全工器具、材料设备，发现问题及时提出解决方案。

（五）监理人员准备

总监对本次大型综合性停电所需要的监理人员提前一天进行调配、安排，并对所有参与人员提前进行技术、安全

交底，成立监理停电工作群，并在群内提出监理工作要求。

三、配网大型停电过程管控

（一）开工前监理准备工作

1. 巡视施工人员是否到位，检查人员证件是否齐全，人证是否合一。

2. 巡视施工机械设备是否到位，检查设备与报审表是否一致；安全工器具是否齐全，合格证是否过期。

3. 对原材料、设备合格证进行检查，核实其是否符合设计要求。

4. 巡视带电作业车、工器具及人员是否到位，并检查其合规性。

5. 巡视保供电车、工器具及人员是否到位，并检查其合规性与保供电准备情况。

6. 参加站班会，对应工作票核对人员，听取其技术交底是否符合实际、安全交底是否到位。

（二）工作票复核

1. 复核人员分组，若有人员变更，其程序是否符合要求。

2. 复核各小组工作地点、工作任务，是否与现场实际相符，是否有错漏。

3. 复核各类安全措施是否与实际情况相符。

4. 复核接地地点及接地线组数是否与现场实际相符。

5. 复核现场线路标志牌、设备标志牌是否与工作票及单线图相符。

（三）过程监控

除了对施工安全、质量、进度情况进行正常管控，随时在区局（供电所）安全微信群、监理停电工作群汇报重要节点及安全质量情况外，还需重点关注

以下事宜。

1. 挂接地工作。挂接地线前监理事前查清接地线组数，完工后也一定要查清拆回来的接地线组数，检查是否有漏挂或少拆，这是非常重要的一项工作；

2. 重点杆塔上的作业。每一项大停电都有关键点位上的重点工作，一定要安排有经验的监理人员监控此点位的工作，发现问题要及时通知业主方总指挥或总协调人，及早解决，以免耽误送电。

3. 牵引场或电缆牵引机位置。牵引场或电缆牵引机位置是大停电作业危险系数较高的点位，重点关注锚固桩、拉线、绳索、尾绳缠绕圈数、围蔽等安全问题，监督现场统一由一人（设置专人）指挥牵引车或绞磨机，以免多头指挥造成危险。

4. 延时送电的处理。要重点关注易造成延时送电的因素：人员不足、材料设备问题、方案措施不当、天气原因、民事阻挠等，并对这些因素制定解决措施。

1）事前预控：以上因素除了极端天气、突发民事问题外大多需要事前预控，做足准备工作和预案。

2）事中控制：及时跟进每个小组的工作情况，发现进度滞后，查清原因，快速向业主方反映问题，使其给出应急解决方案，以免耽误时间。

3）事后应急解决实施：应急方案确定后，监理要及时协助业主协调现场各个工作小组切实实施应急方案，确保安全、保质保量地完成任务。

4）延时送电处理：当无法避免延时送电时，监理要提前2小时及时反馈现场真实情况给业主，报告延时原因、延时的时间。

（四）工作票结束重点工作

1. 监理要清点收回接地线组数，核实是否全部拆回。

2. 核相：复核架空线路或电缆相序是否正确。

3. 复核设备及电缆试验情况：复核设备接线螺栓是否全部压实、安健环标识牌是否挂齐全；核实电缆及其他设备试验是否做完、数据是否正确。

某供电局 2020 年停电施工易出现的问题统计表　　表 1

序号	易出现问题描述	出现次数	备注
1	现场勘察不足	15	
2	施工质量问题	12	
3	人员准备不足	9	
4	材料设备问题	7	
5	天气原因影响	5	
6	运行人员操作时间长，留给一种票的施工时间太短	3	
7	批复混合作业的工作票时间不合理	2	
	合计	53	

2020 年某供电局停电施工易出现问题监理应对措施表　　表 2

序号	易出现问题描述	出现次数	细部问题描述	监理应对措施
1	现场勘察不足	15	1）拆旧电缆未勘察； 2）利用旧管未通管； 3）配电箱、电缆井位置变更未勘察； 4）青赔阻挠未勘察； 5）拆除架空线未提前打临时拉线； 6）旧设备焊牢未勘察； 7）电缆井积水未提前抽水； 8）组立电杆未提前挖基坑； 9）对作业点工作任务估计不足； 10）旧电房场地狭窄，拆装费时	1）现场勘查仔细看图纸和变更，对电缆、架空线路径，电缆井、配电箱（柜）位置进行一一核查，详细记录； 2）画出草图，记录每个点应注意的问题，需要协调的事宜； 3）督促施工单位做好打临时拉线、抽出电缆井积水、挖基坑等前期准备工作； 4）对工作任务、范围、人员分组做出评估
2	施工质量问题	12	1）识别电缆错误，导致截错电缆； 2）施工工艺差导致台架下沉或倾斜； 3）柱上开关装反； 4）预留的上引线长度不足； 5）电缆井尺寸、喇叭口未按设计要求施工，导致穿电缆困难； 6）电缆井类型未按设计要求施工	1）监理要提前做足功课，提前熟悉图纸、变更，工作任务、范围及相应规范； 2）加强巡视工作，重点关注易出现问题的工作点及工序； 3）加强旁站管理，对于电缆中间头、终端头等关键部位及工序做好细致的旁站工作
3	人员准备不足	9	1）仲夏天气炎热，杆塔上作业无换班人员； 2）特种作业人员如高空作业、电缆头制作、带电作业等人员数量不足，导致作业时间拉长； 3）普通班组人员不足、分组不合理	1）根据现场勘查结果做出人员数量评估，督促施工单位写进施工方案，并落实到位； 2）提前检查、落实特种作业人员证件及数量； 3）审查方案，落实普通班组成员及数量，满足施工需求
4	材料设备问题	7	1）因设计变更导致的材料设备不足； 2）分支箱、开关等设备型号不匹配、有缺陷； 3）电缆头附件过期等，导致作业时间拉长	1）根据现场勘查结果，督促施工人员落实电缆、导线的数量及到位情况； 2）提前做好开箱检查，根据设计图纸及变更复核分支箱、开关等设备型号及数量； 3）提前检查电缆头附件型号及数量是否符合设计要求
5	天气原因影响	5	1）雷雨天气湿度过大，造成不能带电作业； 2）阴雨天气制作电缆头未配置雨棚及太阳加热灯，导致无法在工作票许可时间内完成作业任务	提前查看天气预报，并督促施工单位做好制作电缆头等的施工准备工作
6	运行人员操作时间长，留给一种票的施工时间太短	3	运行人员停电操作时间太长，工作票签发许可作业时间太迟，导致留给施工作业的时间太短而无法在作业票规定的结束时间内完成工作任务	提前与供电所运行人员协调沟通一种票施工所需的时间，预定好施工许可时间，给运行班组操作
7	批复混合作业的工作票时间不合理	2	混合作业，解口和接火票作业压缩了一种票的工作时长	提前与供电所运行人员协调沟通一种票施工所需的时间，预约好施工许可时间，给混合作业，解口和接火票作业的运行班组留出操作时间

四、配网大型停电项目监理工作总结提升

（一）停电施工易出现的问题

1. 现场勘察不足

1）停电拆旧电缆，利用原有电缆管穿（敷设）新电缆，因前期未仔细勘察待拆旧电缆走向情况，对旧电缆被淤泥、树根或其他电缆缠住等情况不了解，造成旧电缆难于拆出、新电缆无法穿入。

2）停电时利用原有管道敷设电缆，因未提前通管，导致停电后才知道原有管道不通。

3）更换电房内旧高压柜，停电当日才知道原有高压柜在电缆沟内点焊固定。

2. 材料设备问题。如因设计变更导致的电缆长度不够、导线数量不足；分支箱、开关等设备型号不匹配、有缺陷；电缆头附件过期等，导致作业时间拉长。

3. 人员准备不足。仲夏季节施工因天气炎热，杆塔上作业人员无法长时间作业，无换班人员；特种作业人员如高空作业、电缆头制作等数量不足，导致作业时间拉长。

4. 运行人员操作时间长，留给一种票的施工时间太短，无法在作业票规定的结束时间内完成工作任务。

5. 批复混合作业的工作票时间不合理，压缩了一种票的工作时长。

6. 天气原因影响。因突然而至的雷暴、阴雨天气等导致无法在工作票许可时间内完成作业任务。

7. 施工质量造成的延时。如识别电缆错误，导致截错电缆；安装柱上开关，因施工人员疏忽，装反操作面方向导致返工；预留的上引线长度不足导致返工等。

从表1可知，现场勘察不足、施工质量问题、人员准备不足三项占比为68%，是比较突出的问题，应该重点关注解决。

（二）针对停电施工易出现问题监理的应对措施总结

针对大停电施工易出现的问题，监理应如表2所述从"人、机、料、法、环"入手解决根本问题。

（三）监理工作提升点

根据上述分析总结，监理工作有以下几点提升。

1. 勘察提升：熟悉设计图，了解变更点；停电作业前，四方勘察细；线路走向穿，跟踪作业点；停电范围清，跨越穿梭明；作业分几组，任务分明晰；接地点明确，组数拎得清；发电车几个，位置要注明。

2. 现场监理工作提升：进场"三板斧"，人机料法明；两票做复核，界面要分清；挂出的接地，拆回要数清；监理跟分组，危险点弄清；电缆头旁站，跨越点巡清；结票工作罢，手续办理清；群内常汇报，延时要说明。

3. 监理履职提升：方案仔细审，签字负责任；人员提前备，任务交底清；监理检查表，问题填完整；盖章通知单，随身带空白；紧急情况时，手写履责灵；遇到有延时，群内汇报清。

结论

配网大型综合性停电涉及千家万户，具有时间紧、任务重、社会影响大等特点。作为电力监理人，要总结提升这种大型综合性停电的监理业务水平，协助业主组织好停电作业，避免发生延时送电事件，为监理企业赢得信誉，为社会、国家创造更大价值！

参考文献

[1] 陈刚 . 针对电网调度缩短10kV配电线路故障停电时间的分析 [J]. 工程技术，2016（8）：318.

[2] 徐兵 . 试析10kV电力配网工程施工技术的有效管理策略 [J]. 消费电子，2013，38（10）：156-158.

屋面防水工程监理控制要点

张东阳

北京赛瑞斯国际工程咨询有限公司

摘　要：屋面防水工程是房屋建筑中的一项功能质量保障工程，但是由于多种原因导致的屋顶漏水、外墙渗漏等工程质量问题时有发生。究其原因，主要是对施工材料把关不严、施工方案考虑不周、施工管理不到位、施工工序有误等。因此，提高屋面防水施工质量水平，消除渗漏质量通病，必须贯彻综合控制的原则，对施工涉及的各种因素通盘考虑。文中以阿里巴巴北京总部项目屋面防水施工为例，介绍屋面防水施工的工艺流程及过程中会出现的质量问题，为后续类似工程施工（监理）提供借鉴。

关键词：屋面防水；过程管控；监理行为

引言

屋面防水工程是房屋建筑中的一项功能质量保障工程。随着基本建设事业的高速发展，新型防水材料不断产生，防水施工技术水平也在不断提高。目前国家颁布实施了新的《屋面工程技术规范》GB 50345—2012、《屋面工程质量验收规范》GB 50207—2012，以及相关施工技术规程、标准图集等，为提高屋面防水工程施工质量提供了管理依据。

但是在屋面防水工程施工中，由于没有全面贯彻执行标准规范的规定或维护保养不当，导致屋顶漏水、外墙渗漏等工程质量问题总是发生，不仅影响到房屋建筑的使用功能、使用寿命及结构安全，也使建设单位与住户之间因质量问题不能妥善解决而引发许多纠纷冲突。因此，提高屋面防水施工质量水平，消除渗漏质量通病，必须贯彻综合控制的原则，对施工涉及的各种因素通盘考虑。本文结合阿里巴巴北京总部项目屋面防水施工，浅谈建筑屋面防水工程施工阶段监理控制要点。

一、案例概况及相关背景

（一）研究目的

屋面工程是房屋建筑中的一项非常重要的分部工程，其施工质量的好坏，不仅影响建筑物的使用寿命，更关系到用户对屋面防渗漏及保温隔热等方面的使用功能要求，尤其是屋面的渗漏问题，历来是用户投诉的热点问题，而且处理起来相当烦琐，浪费了大量的人力、物力和财力。为此，在屋面工程的施工过程必须严格按照相关设计文件进行施工和管控，避免后期持续出现相关渗漏现象。

（二）研究意义

屋面工程最容易受到自然环境的影响，工程质量的好坏也直接影响到建筑寿命的长短和使用者的满意程度。屋面工程出现的问题，与施工设计、施工材料选择、施工工艺采用都有密切的关系。虽然近些年我国采用了新的屋面防水材料和屋面保温材料，但是复修率仍然高居不降，这就需要进行认真分析，总结屋面工程施工过程中常见的通病，总结经验教训，采用成熟的施工技术，确保屋面工程质量达标。

（三）案例概况

文章以阿里巴巴北京总部园区

为例，阿里巴巴北京总部园区位于北京市朝阳区来广营东路与规划六路交叉口附近，介于崔各庄地铁站与善各庄地铁站中间地段。规划总用地面积124093.16m²，其中地上建筑面积248186.32m²，地下建筑面积222189.26m²。建筑层数地上8层，地下3层，建筑高度42.50m。屋面防水等级为Ⅰ级。

二、屋面防水施工材料

屋面施工开始前，应根据工程需求提前组织材料进场，并根据现场规划堆放至指定场地。防水、保温等进场材料须具有合格证和复试报告，材料性能应能满足设计要求和国家、地方的标准要求。

三、屋面防水工程施工工艺及监理管控要点

（一）屋面防水施工主要流程

本工程为倒置式屋面，其中施工界面划分如下：结构板基层处理、2厚非固化橡胶沥青防水涂料、3厚自粘型橡胶沥青防水卷材、干铺1.5厚纸胎油毡隔离层，由防水单位进行施工，找坡层、保温层及细石混凝土保护层等工序为二次结构单位进行施工（图1）。

（二）监理管控要点

1. 结构板基层处理

1）应将结构层面上的松散砂浆、混凝土、水泥浆及其他杂物清除干净，对突出表面的混凝土用凿子凿去、清扫、用水清洗干净。

2）突出屋面的管道、支架等根部，应用细石混凝土堵实和固定。

3）在不易与找平层结合的基层做界面处理。

4）找坡材料应适当压实，表面宜平整和粗糙，并应适时浇水养护。

5）核对找坡是否按屋面排水方向和设计坡度要求进行。

6）核验屋面墙上弹出的标准线，向下测量出找坡层标高，并弹在墙上，并根据标高线拉水平线抹灰饼。

7）找平层应在细石混凝土初凝前压实抹平，终凝前完成收水后应二次压光，并应及时取出分隔条，养护时间不得少于7天。

8）对卷材防水层的基层与突出屋面结构（女儿墙、设备基础等）的交接处，以及基层的转角处（水落管等），找平层均应做成圆弧形，且应整齐平顺。阴角找平圆弧处理，出屋面结构（如基础墩）的阳角做圆弧处理。

9）对基面进行抛丸打磨处理，将混凝土结构层表面的浮浆清理干净，一方面增加涂料防水层与基层的粘结强度，另一方面使隐藏于浮浆下的结构裂缝显现，进一步方便涂料防水层对裂缝进行渗透以及密封。

2. 非固化涂料及卷材防水层施工

1）防水层基层应坚实、干净、平整，无空隙、起砂和裂缝。

2）涂刷基层处理剂：在基层上均匀地涂刷专用基层处理剂，涂刷时应均匀不漏涂、不堆积。

3）节点部位加强处理，如阴阳角、水落口、穿板管道等采用橡胶沥青防水涂料复合网格布加强：首先在节点部位涂刷一遍橡胶沥青涂料，再铺贴一块相应大小的网格布，最后再涂刮一遍橡胶沥青涂料将其覆盖。

4）定位弹线，卷材1m宽，扣除80mm搭接边，弹出92cm宽、5m长分格线以确定防水施工范围。

5）采用边刮涂料边铺卷材方法：把加热完毕的橡胶沥青防水涂料，装入带有刻度定量桶内，然后倒入方格内，确保涂料用量，涂料一边刮至弹线处，另一边刮至上一幅卷材边缘，涂刮厚度均匀，不得露底，不得堆积。在涂刷过程中，边揭除隔离膜边向前铺贴卷材，铺贴平整、顺直。

6）搭接与密封：将自粘卷材搭接边膜揭除，进行自粘搭接，搭接宽度150mm，然后用压辊碾压密实，搭接缝处使用涂必定橡胶沥青防水涂料进行内外密封处理。卷材T型接口处用橡胶沥青涂料进行密封，搭接密封完成后，采用辊筒辊压密实。

7）收口与密封：卷材收口处，采用压条固定，橡胶沥青涂料密封。

8）组织验收：按相关规范要求，对已完成的防水层进行验收工作。

9）防水层施工完后进行蓄水试验，每栋楼屋面分别进行蓄水试验。蓄水试验时蓄水深度应不小于20mm，蓄水高度一般为30~40mm，蓄水时间为24h。若发现漏水情况，应立即停止蓄水试验，重新进行防水层完善处理，处理合格后再进行蓄水试验。

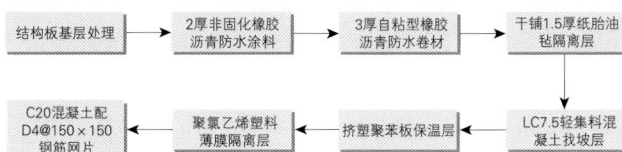

图1 屋面防水施工主要流程

3. 找坡层施工

1）找坡层的材料及配合比应符合设计要求。

2）找坡层施工前应将基层表面清理干净，并进行浇水湿润、涂刷水泥浆或其他界面材料。

3）找坡层施工应满足设计要求的平整度及坡度。

4）找坡材料应适当压实，表面宜平整和粗糙，并应适时浇水养护。

5）核验屋面墙上弹出的标准线，向下量测出找坡层标高，并弹在墙上，并根据标高线拉水平线抹灰饼。

4. 保温层施工

1）主楼屋面保温层为干铺 110 厚挤塑聚苯板，地下室顶板保温层主要为干铺 60 厚挤塑聚苯板（下部为非采暖房间时取消）。

2）50mm 厚以上保温板施工应双层错铺。

3）保温板施工前，防水施工完毕，闭水试验完成且验收合格。

4）铺设保温材料的基层应平整、干净、干燥。

5）保温材料不应破碎、缺棱掉角，铺设时遇到有缺棱掉角、破碎不齐的，应锯平拼接使用。

6）干铺保温材料时，应紧靠基层表面，铺平、垫稳。

7）保温材料应铺砌平整、严实，板缝处或缺角处应用碎屑加胶料拌匀填补严密。

5. 保护层施工

1）本工程保护层为 C20 细石混凝土，用于主楼屋面时内配 Φ4@150 双向钢筋网片，保护层厚度不小于 10mm，按纵横不大于 6m 设置分格缝，缝宽

20mm，缝内填高分子密封膏。

2）细石混凝土铺设不宜留设施工缝，当施工间隙超过规定时间时，应对接槎进行处理。

3）抹灰饼、冲筋、装档：根据水平标准线和设计厚度，在四周墙、柱上弹出保护层的上平标高控制线。灰饼水平距离为 1.2~1.5m，然后根据灰饼用细石混凝土冲筋，筋宽 5cm，每隔 1m左右冲筋一道。冲筋使用干硬性混凝土，厚度为 5cm。用细石混凝土根据冲筋标高，用木抹子将细石混凝土摊平、拍实、小杠刮平，使其所铺设的细石混凝土与冲筋找平，再用大杠横竖检查其平整度，并检查标高及泛水的正确，用木抹子搓平。

4）细石混凝土配合比要称量准确，搅拌均匀，严格控制稠度。细石混凝土铺设按由远到近、由高到低的程序进行，最好在每一个分格内一次连续铺成，严格掌握坡度，用 2m 左右的直尺找平。

5）待细石混凝土稍收水后，用抹子抹平压光。注意施工不宜采取机械振捣方式，不宜掺加水泥砂浆或干灰来抹压、收光表面，完工后表面少踩踏。

6）铺设细石混凝土层 12h 后，需洒水养护，避免采用大量浇水或蓄水的养护方法。完成养护后干燥和清理分格缝、嵌填密封材料封闭。

7）保护层与突出屋面部位（女儿墙、墙体、装饰柱、突出屋面管道等）之间预留宽度 30mm 的缝隙，缝内宜填塞聚苯乙烯泡沫塑料，并用密封膏嵌填严密。

6. 细部构造

1）机房外墙及管井根部节点

自粘卷材收头位置在外墙反坎上，

2 厚非固化橡胶沥青防水涂料 +3 厚自粘型橡胶沥青防水卷材，完成面以上 250mm 处，使用压条固定，密封材料密封严密。

2）设备基础节点

设备基础高度不超过 250mm 时，防水卷材在设备基础侧面和顶面通铺；设备基础高度超过 250mm 时，防水卷材在屋面完成面 250mm 处收头，2 厚非固化橡胶沥青防水涂料 +3 厚自粘型橡胶沥青防水卷材并使用压条固定，密封材料密封严密。

3）屋顶机房、楼梯间等门口处节点

混凝土基层 +2 厚非固化橡胶沥青防水涂料 +3 厚自粘型橡胶沥青防水卷材，其中保护层踏步采用 C15 混凝土，面层采用 15 厚 DEA 砂浆。

4）屋面雨水口节点

落水口四周处涂刮第一遍 2 厚橡胶沥青防水涂料并铺贴对应大小的玻纤网格布，再涂刮第二遍橡胶沥青涂料将网格布覆盖住，宽度为平、立面各 250mm，并伸入口杯内 50mm，待大面施工涂刮橡胶沥青涂料，铺贴自粘卷材。卷材收头采用橡胶涂料密封。

5）出屋面管道节点

（1）管道四周先涂刮第一遍 2 厚橡胶沥青防水涂料并铺贴对应大小的玻纤网格布，再涂刮第二遍橡胶沥青涂料将网格布覆盖住，平面和立面的涂刮宽度均为 250mm。

（2）大面涂刮橡胶沥青涂料，铺贴 3 厚自粘防水卷材，卷材立面高度不小于平面完成面以上 250mm，立面卷材收头处采用金属箍箍紧，并用橡胶沥青涂料密封。

四、屋面防水施工质量通病及预防措施（表 1）

屋面防水施工质量通病及预防措施　　　　　　　　　　　　　　　　　　　　　　　　　表 1

序号	质量通病	通病描述	预防措施
1	基层处理不到位	基层存在杂物、凸起物、浮浆、蜂窝麻面	对杂物、凸起物进行切割并抹平，对浮浆进行铲除，对蜂窝麻面使用砂浆抹平，最后经抛丸处理
2	非固化涂料涂刷不均匀	非固化涂料涂刷存在漏底、厚度不足、堆积现象	非固化涂料均匀涂刷，使用带齿刮板，避免一次成活
3	卷材搭接长度不足	卷材长边、短边搭接长度不足	卷材施工时，提前在卷材上方弹出线，施工时严格按照弹线进行施工
4	卷材存在空鼓、皱褶	卷材施工完成后，存在空鼓现象	采用边刮涂料边铺卷材方法，卷材应铺平、压实
5	卷材封边不严	搭接处封边不严密，存在翘边现象	接缝处使用涂必定橡胶沥青防水涂料进行内外密封处理；卷材T型接口处使用涂必定橡胶沥青涂料进行密封，搭接密封完成后，采用辊筒辊压密实
6	蓄水试验	蓄水时间不足、蓄水高度不足	蓄水时间满足24h，蓄水高度不低于2cm，并录像留存
7	蓄水试验存在渗漏	蓄水时间满足后，存在屋面渗漏现象	对渗水区域重新排查，重新涂刷非固化涂料及卷材铺贴，直至无渗漏现象

结语

对于贯穿屋面施工全过程的施工设计、施工、施工验收的三个阶段，监理单位要加大管理和控制的力度，由于防水工程的重要性，确立以预防为主的原则，并且要积极主动地对施工过程进行管理和控制，坚持按照程序和规范进行科学合理的管理，并且在施工各个时期都要努力协调和沟通。屋面防水施工影响着整个房屋建筑的质量，监理单位应该努力加强对屋面防水施工各阶段的质量控制，对各个环节进行严格把关，防止对房屋建筑的使用功能、使用寿命及结构安全产生影响。

参考文献

[1] 周仰东. 关于建筑工程屋面防水施工技术控制探析要点浅论 [J]. 中国新技术新产品, 2012 (11)：174-175.

[2] 何冠浩. 工民建筑屋面防水工程施工技术的注意要点 [J]. 中华民居, 2014 (18)：11-12.

[3] 张志雄. 建筑屋面防水工程施工的技术要点综述 [J]. 商品与质量 (建筑与发展), 2014 (1)：45-46.

深圳市南山区第二阶段优质饮用水入户工程监理经验

杨康锦　龙立中

深圳市深水水务咨询有限公司

摘　要：深圳市南山区第二阶段优质饮用水入户工程为居民小区老旧供水管网改造工程，与常规施工项目不同，具有施工点点多面广、具体实施情况繁杂、社会广泛关注等主要特点，文中立足于"履行监理职责，强调留痕，服务业主"，围绕深圳市南山区第二阶段优质饮用水入户工程（一、二期）监理过程中存在的四大监理重难点进行了详细的分析并提出了相应的管控措施，以及进行了项目监理心得总结，旨在为监理人提供类似项目监理经验，提高监理服务水平，做好合同履职。

关键词：老旧供水管网改造；监理经验；监理重难点

前言

深圳市水务局为全面贯彻执行国家生活饮用水卫生新标准，保障群众饮水安全，以市区政府投资为主对居民小区老旧供水管网集中进行更新改造，实施了深圳市优质饮用水入户工程；该工程在一般情况下的改造起点为小区进水管与市政供水管接驳处，终点为用户专用管入墙处、原室内水表处或水表井内表后管与内墙接驳处。公司承担了深圳市南山区第二阶段优质饮用水入户工程（一、二期）共 7 个施工标段的施工及保修阶段监理任务。

一、项目特点分析

本工程施工地点点多面广，分布在深圳市南山区 187.53km² 8 个街道，约 300 个建成小区，监理巡视难度大，对人员配置的合理性、人员投入的成本控制提出了更高的要求；在小区内施工，对小区居民的出行等日常生活不可避免会造成一定的影响，明设管的布置对小区原有设施及整体外观会造成一定的影响，施工方案公示、与小区物业管理单位的沟通是协调工作中的重要一环；改造具体实施情况繁杂，小区具体施工场地条件形式多样，地下管线分布情况异常复杂，地下燃气管道保护工作更是关系到万千居民的生命财产安全，安全监理责任风险巨大；项目实施过程中不可预见因素大量存在，工程变更多，投资控制难。

1.工程主要施工工序

埋地管：测量放线—沟槽开挖—基底整平处理—管道基础—管道铺设—沟槽回填—路面恢复。

2.明设不锈钢管

测量放线—支架安装—管道铺设—管道连接。

二、监理重难点分析及相应管控措施

（一）重难点一：监理巡视难度大

在施工点点多面广、监理巡视任务重的背景下，为了监理人员能有效掌握现场施工内容、施工进度情况，有区分、有重点地开展巡视工作，对存在的关键施工部位关键工序做到质量、安全可控，实行项目管理效率最大化，达到监理巡视效果与人员投入成本的平衡，项目监理机构提出以下管控措施：

1. 实行单个小区开工审批制度：因每个小区的具体情况不尽相同，进场施工时间也相差甚远，施工单位在不同阶段能投入的人力物力也相差巨大。为避免出现施工单位在未经确认满足施工条件的情况下私自进场施工，实行单个小区开工审批制度，只有经确认满足施工条件，获得建设单位批准后方可进场作业。

2. 实行早班教育制度：要求施工单位项目组织机构于每日8点前在项目工作微信群中上传早班教育记录。早班教育记录的影像资料应包含以下内容：每个小区一张教育交底照片、一张体温登记台账照片、一张教育交底记录（人员签名最好按手印），照片要求有水印；每个小区附一段简要文字说明，内容至少包括当日施工内容、机械设备投入情况、工人数等。

3. 实行施工日报制度：要求施工单位项目组织机构当日报送施工日报（采用美篇APP制作）。施工日报应至少包含今日现场进度情况及明日施工计划，必须逐一明确施工小区的施工部位、完成工程量、投入作业人员数量、施工设备。

（二）重难点二：协调强度高

本项目实施的背景条件之一是"以居民小区为单位申请改造，经全体业主或业主大会、物业服务企业或供水设施管理单位同意供水设施改造，承诺改造后移交供水企业抄表到户，服从各区制定的改造计划及方案，在设计、施工各环节积极配合改造"，即小区供水管网的改造前提是在小区范围内全体居民及其物业管理单位等相关单位知情并同意实施方案的背景下才实施的，但在实际施工中会遇到以下情况：

1. 部分小区居民对改造方案存在抵触、不接受的情况，主要集中于明设不锈钢管铺设后改变了外墙的整体景观，对小区部分位置的采光有一定的影响；管道有时不可避免需要经过部分居民私自（疑似违建）搭设的构筑物才能完成敷设。

2. 部分小区物业管理单位收取进场押金。

3. 工程施工期间需对小区内部分道路及绿化带进行开挖、外立墙附着管道施工中需搭设施工脚手架或吊篮施工、给水管更换及碰口施工过程中需要临时性停水，不可避免地给小区居民生活带来诸多不便，给各商家的经营活动带来影响。

4. 小区现状老旧管网情况复杂，因改造范围的局限性存在较多的不可预见或难以预见的风险，如在改造工程更换现有室外供水管网后，由于管道内壁清洁、光滑，水流阻力变小、流速加大，水压将恢复至正常水压，比原有水压高。因业主室内供水管道属于用户私有财产，不纳入本次工程改造范围，若用户室内旧供水管道年限过长、存在锈蚀穿孔等情况，在完成优质水改造后，部分业主室内旧供水管道可能无法承受正常压力，存在爆管漏水的隐患。

5. 因为不可预见或不可抗力（如疫情）等因素影响，小区施工进度可能滞后。

因此，为争取业主积极配合改造，避免引发投诉、维护建设项目形象及不必要的损失，项目监理机构督促施工单位在小区进场前或分部工程（主要为明设管铺设）实施前执行公示制度，采用"温馨提示"书面函件形式交由小区物业签收，由物业管理单位向小区全体居民征求意见或说明情况，提示可能存在的问题及风险，内容包括施工工期、施工方案可能造成的影响等。

（三）重难点三：地下管线保护、高处作业吊篮安全监理

1. 地下管线保护—安全旁站监理

由于本工程施工区域位于高度建成区，各类管线情况复杂，地下管线（特别是燃气管道）保护工作至关重要。根据《关于对以"湖南省第六工程有限公司"名义承接建筑起重机械安装拆卸工程进行专项检查的紧急通知》（深建质安〔2018〕210号）要求，监理项目部进行了签署地下管线保护协议、配备专职管线工程师、将施工范围内涉及地下管线的部位施工作业纳入安全旁站监理，旁站监理检查内容主要为：管线探明情况，管线工程师、专职安全员到位情况，安全技术交底情况，是否按要求提前书面通知权属单位，施工方案执行情况，如上述工作未到位，不允许对涉及具有现状地下管线的部位进行施工作业。

同时采用监理工程师通知单的方式督促施工单位：

1）对施工范围内具有现状管线的部位进行支护、开挖施工，施工项目部应提前12h书面通知监理机构安排监理人员进行旁站监理。

2）对涉及具有现状地下管线的部位施工前应采用可靠方法探明地下管线具体位置，对于现状地下管线情况不明的作业点，严禁进行施工作业。

3）对涉及具有现状地下管线的部位施工前应按要求提前将施工区域和施工计划书面通知相关权属单位，接受权属单位工作人员的现场监督指导。

4）管线工程师、专职安全管理人员应按照施工方案和权属单位工作人员

要求进行安排、指导施工作业，否则旁站监理人员有权及时制止和提出整改要求，如拒不整改或情况严重，相关部门有权要求现场暂停施工，并向建设单位报告。

2. 高处作业吊篮—监理专项巡视

该工程另一重大危险源为高处作业，外墙立管安装采用的作业方式包括高空车、脚手架（一般为单排且高度小于24m）、高处作业吊篮，其中依据《危险性较大的分部分项工程安全管理规定》（建办质〔2018〕31号）要求"吊篮脚手架工程"为危险性较大的分部分项工程，是本项目安全管理工作的重点，监理部依据规定采取了专项巡视的管控措施，及必须经联合验收合格后吊篮方可投入使用。

需要注意的是：

1）依据住房和城乡建设部《建筑施工特种作业人员管理规定》（建质〔2008〕75号），"高处作业吊篮安装拆卸工"为建筑施工特种作业人员。

2）依据《高处作业吊篮安装、拆卸、使用技术规程》JB/T 11699—2013，吊篮的安装、拆卸单位应具备政府或产品归口行业协会颁发的吊篮安装、拆卸相应的资质证书，在资质许可范围内从事吊篮的安装、拆卸业务。该工程吊篮安拆作业采用专业分包的方式，监理部着重审查以下内容：营业执照、资质证书、安全生产许可证、安全管理协议、吊篮安拆专业承包合同、施工方案。

高处作业吊篮安全专项施工方案按危大工程管理办法，由专项分包单位编制的应由其单位技术负责人审批并加盖公章，然后由总承包单位技术负责人审批并加盖公章。方案内容审查时应特别注意：

（1）是否对各类屋面承载力满足条件分别验算说明。

（2）是否明确有特殊悬挂支架处。

（3）是否明确存在特殊的建筑结构和非标设计方案；对特殊的建筑结构和非标设计方案，吊篮安装、拆卸的专项施工方案需经过评审，评审合格并经过总承包单位或使用单位、监理单位审核后，方可进行吊篮的安装和拆卸工作。

（4）应明确安全绳在该工程实施范围内是否全部都有可靠的构筑物绑扎点，若无则应明确对应措施。

根据吊篮安拆及使用两个施工阶段，分别形成了高处作业吊篮安装拆除移位专项巡视记录及高处作业吊篮使用专项巡视记录。结合该项目吊篮施工环境，高处作业吊篮专项巡视要点为"是否满足以下条件"：

1）吊篮型号编号及安全锁、提升机与报审资料一致，各部件完好无损并在有效标定期内（安全锁、提升机有效标定期为1年）。

2）吊篮安拆特种作业人员持证上岗；安全员到岗监护作业。

3）吊篮与外电架空线之间最小安全距离（10m），作业范围设置封闭围挡及安全警示标志齐全。

4）符合施工方案及吊篮产品使用说明书要求：①悬臂的距离满足整机稳定力矩与倾覆力矩之比大于2的要求；②悬挂机构横梁安装水平高差不大于2%横梁长度，而且只允许前高后低，不允许前低后高；③挂设安全带的安全绳应当固定在具有足够强度的建筑结构上，严禁与吊篮的任何部位连接，安全绳拐角处须采取防磨断保护措施，吊篮必须安装上限位装置；④配重件的重量必须符合规定，不得有破损；⑤吊篮安

装验收经空载运行试验合格后方可投入使用。

5）吊篮作业：①工作处阵风风速不大于8.3m/s（相当于5级风力）；②操作人员在地面进出悬吊平台，操作人员佩戴工具袋；③吊篮未作为垂直运输设备，不得采用吊篮运送物料，未超载运行；④吊篮悬吊平台未使用梯子或其他装置取得较高的工作高度。

（四）重难点四：投资控制

该项目施工总承包合同采用了固定单价工程量清单合同形式，发包人在该工程招标文件中提供的工程量清单所开列的工程量是根据该工程的设计图纸提供的预计工程量，即虚拟清单编制，不能作为承包人在履行合同义务过程中应予完成的实际和准确的工程量，同时也不作为期中结算和竣工结算时确认工程量的依据，可确认的工程量应为现场已完成的合理且合格的实际工程量，因而工程变更控制及现场完成的实际工程量计量工作是减少中间工程款超付、工程总价超概等投资控制至关重要的环节。因此项目监理部投资控制分为两部分：工程变更控制，实际工程量计量。

1. 工程变更控制

该项目工程变更多，主要是因为项目不可预见因素较多。

1）地下情况过于复杂，管道埋深无法达到设计深度而采取了道路加强的方式，有时甚至需要变更为走地下室明设不锈钢管等其他方案；这时土方量、管道长度、管道材质、施工措施等都发生变化。

2）对于需新建在水表井内的不锈钢管，存在由于小区建成后加装管道等因素导致水表井空间不足、水表井内楼板暗埋管线，导致无法按原设计方案在

水表井内开孔铺设新不锈钢管；这时可能变更为移到水表井外墙实施高处作业铺设不锈钢主管道，再开孔连接支管进水表井安装用户水表组，项目措施费就发生了变化。

3）非承包人原因及不可预见原因造成工程量清单缺项和项目特征不符的因素大量存在。如明设不锈钢管在具体铺设时穿行顶棚吊板造成破坏需恢复，不同小区存在的顶棚吊板形式各样，造价也相去甚远，标底工程量清单内可能无此项或对应的项目特征不完全相符。

4）从小区申请供水管网改造至纳入改造范围，到施工图设计、施工招标投标再到施工阶段实施，历经周期长。在出具了施工蓝图至施工进场前这段时间中，小区的情况可能发生了较大变化使得工程总造价变化巨大，如：①有一定数量小区因建成年限、所处区位等因素，被纳入城市旧改范围，这个小区就有可能会整体放弃改造，也有小区在出具了施工蓝图至施工进场前这段时间中，因老旧供水管网破损程度已严重影响居民，鉴于迫切性，小区已自行更换了埋地管部分，这个小区就有可能会放弃改造埋地管，只需改造明设管即可；②与之对应的是，有小区建设时是分期建设的，申请改造时也是分开申请的，举例如大陆庄园一、二期，在施工大陆庄园一期施工时，大陆庄园二期还未纳入改造范围但其老旧供水管网破损程度已严重影响居民生活，鉴于回应民生需求的迫切性，建设单位会考虑大陆庄园二期改造一并纳入。

针对以上情况，项目监理部依据承包人合同相关条款及《南山区环境保护和水务局工程变更管理暂行办法》、《深圳经济特区政府投资项目管理条例》第四十三条，明确该工程的工程变更（包括设计变更、现场签证等）的管理规定重点有：①该项目实行无现场签证管理，如因技术、水文、地质等原因必须进行设计变更，造成工程内容及工程量增加的，按工程变更处理；②因不可抗力影响，确需现场签证的，应当由施工单位提出并提供相关资料，在签证工程内容和工程量发生时由建设单位、设计单位、监理单位共同确认，不得事后补签，未按规定办理的现场签证，不得作为工程结算依据，现场签证单必须经建设、设计等四方签认方为有效，监理单位单方签认的无效；③一般情况下，工程变更由承包人提出，采用工程联系单的方式，施工单位、监理单位、建设单位、设计单位四方责任主体进行会签。需要注意的是，当变更的原因来自有关单位的合理建议时，应督促相关单位书面来函，以此作为附件。

项目监理部结合现场情况重点审查工程变更的合理性及造成的子项目工程造价变化，形成审查意见后报建设单位批准后监督实施。同时建立工程变更管理台账，并在工程变更完成审批工作后，及时更新台账，当累计变更预算金额超过合同价5%或项目可能超概算时，向建设单位提交书面报告，分析原因及拟采取的投资控制强化措施。合理性的审查主要依据《深圳市优质饮用水入户工程建设指引》进行，主要原则为：①改造起点为小区进水管与市政供水管接驳处，终点为用户专用管入墙处、原室内水表处或水表井内表后管与内墙接驳处，用户室内供水管道不纳入改造范围，除与市政给水管、小区室内消防供水系统碰通处允许少量使用钢管（宜控制在1m内）之外，设计的供水系统（包括减压阀、水表组等）不允许使用球磨铸铁管及不锈钢管以外的管材；②与小区共用一套给水系统的商铺、办公楼、工业厂房等改造终点为原总表处；③居民小区现状生活供水系统和消防供水系统相互完全独立或局部独立时，改造时原则上维持原有供水系统形式不变，对生活供水管网和室外埋地消防管网（含室外消火栓）进行改造，并设置生活、消防总表计量，居民小区现状生活供水系统和消防供水系统合用的，改造时埋地主干供水管网系统继续合用，楼栋前生活和消防系统应独立，并在生活与消防分开处设置消防总表计量；④消防给水系统改造内容包括室外埋地消防给水管网及阀门、室外消火栓等附件、消防计量水表等，原则上只改造室外消防管网，室内消防管网不改造；⑤室外给水管道禁止穿越化粪池、排水检查井、垃圾处理站等重大污染源及腐蚀性地段；⑥建筑物内部给水管道应尽量布置在管道井和采光天井内，且便于管道的维修维护管理，对于无条件布置在管道井内的小区，管道宜按分区方式布置在外墙，水表相应集中布置；⑦明设管道遇到梁、管道等其他设施均需避让。

2. 实际工程量计量

结合该项目施工点点多面广的特点，项目监理部遵循公司南山监理事业部制定的《关于管网工程工程量计量的管理办法》在工程量计量过程中采用统一的标准，进行有效的过程计量。

工程量计量包括地下部分和地上部分，其中地下部分主要为土方工程、管道工程、道路工程、管道附属物工程等，地上部分工程量主要为立管。

1）地下部分工程量计量

（1）管道工程计量：通过日常巡视或旁站等手段，在图纸上标注已完工的管线，确认现场实际施工管径、长度。

同时，若施工过程中管线调整，应核实变更工程量。

（2）土方计量：土方开挖宽度根据现场实际测量数据计取，土方开挖深度、长度主要依据是第三方测量报告数据，如表1所示。

同时，根据土方开挖深度、宽度、管线长度，编制了标准的土方工程量表，除了能准确计算土方开挖量外，还能计算管线垫层、回填石粉渣（土方）量等，如表2所示。

（3）道路计量：道路恢复宽度根据现场实际计取，道路结构层拆除与恢复厚度根据设计图纸大样图及图纸说明结合现场实际情况判别并做好过程中记录。若遇到部分管道埋深不够，结构层应根据现场实际情况计取。

2）立管工程量计算

（1）给水不锈钢立管工程量计量：主要分为水表组、竖向立管、横向立管三部分工程量。对已安装完的立管，根据不同水表组的形式，按小区某栋某单元进行分类计量，统计每个水表组立管多长、管件个数等。

（2）同时，立管安装采用不同的高空作业措施，如吊篮、高空作业车、脚手架等，实施过程中应及时现场确认采用哪一种形式，并做好影像资料记录。

三、项目监理心得总结

监理合同是委托合同，不同于建设工程合同（施工合同、设计、勘察合同）；监理人员为发包人提供的是技术服务，没有工程实物，工作成果要靠留痕体现。因此监理人在实施监理过程中，所有的措施、动作都得注重书面留痕，这也是合同履职、技术服务、廉洁监理的要求。需要注意的是，项目监理部对施工单位的项目监理管理应当是按照先对内完善自我再对外开展工作的顺序来进行，有先武装自我再管理他人的思想，所谓"内圣外王"。

监理工作凡事必有依据，依据从规范、合同、图纸、方案里来。我们从这些依据中建立了项目监理工作指导文件，然后通过交底让监理人员掌握依据及工作指导文件。项目监理人员才能更好地运用审查、巡查（检查）、验收、值守（旁站）等手段发现问题，通过整改、停工和报告等措施履行监理合同及法定监理职责，提高监理服务水平。

参考文献

[1] 深圳市深水水务咨询有限公司企业标准：《安全监理规定动作工作指引》。
[2] 深圳市深水兆业工程顾问有限公司南山事业部编制的《关于管网工程工程量计量的管理办法》。
[3]《深圳市优质饮用水入户工程建设指引》。

第三方测量报告数据 表1

测区	康乐大厦		管线类型	给水		图幅号	18.06—100.95			权属单位	深圳市南山区环境保护与水务局			调查日期	2018.08	
管线点预编号	管线点号	连接点号	埋设方式	管线材料	管径或断面尺寸φ/mm	管线点类别		平面坐标/m		高程/m			埋深/m	电缆根数或总孔数/已用孔数	管孔排列（行×列）	埋设日期	备注
						特征	附属物	X	Y	地面	管（沟块）顶	管（沟块）内底					
J10.12		J10.11	直埋	球墨铸铁	150	弯头	管线点	18062.470	100947.146	3.59	2.73		0.86		/		
		J10.13	直埋	球墨铸铁	150	弯头	管线点	18062.470	100947.146	3.59	2.73		0.86		/		
J10.13		J10.12	直埋	球墨铸铁	150	起始点	市政接口	18062.629	100947.257	3.59	2.68		0.87		/		

给水管道土方工程量计量表 表2

小区名称	起点编号	终点编号	管径/dn	标示长度/m	管道深度/m	开挖深度/m	路面材质	道路结构层	工作面/m	管道面宽/m	放坡系数	挖土深度/m	管道/m³	挖土方/m³	砂垫层/m³	砂回填/m³	石粉渣回填/m³	土方回填/m³	余方弃置/m³	备注
某小区	J30-1	J30-3	110	14.73	0.98	1.13	面砖	0.398	0.60	0.71	0.00	0.73	0.14	7.66	1.57	2.58	3.37	0.00	7.66	
	J30-1	J28	110	76.92	0.89	1.04	混凝土	0.42	0.60	0.71	0.00	0.62	0.73	33.86	8.19	13.47	11.47	0.00	33.86	

HDPE土工膜施工质量控制要点

刘德春

武汉星宇建设咨询有限公司

摘　要：HDPE膜在防渗系统中最为常用，文中以武汉某飞灰填埋场项目为背景，对双层衬层HDPE土工膜水平防渗施工中监理质量管控环节进行了阐述，重点对HDPE膜焊接施工及焊接质量检验环节进行了详细介绍。

关键词：飞灰填埋；HDPE膜；防渗处理

前言

垃圾焚烧发电厂的飞灰中含有大量二噁英、汞、铜、铅等污染物，属于《国家危险废物名录》中的一类特殊危废物，其填埋产生的渗沥液存在不确定的浸出毒性。一旦渗漏，将造成地下水严重污染，对周边的环境影响极大，填埋场防渗处理的重要性不言而喻。

为了处理武汉市5座垃圾焚烧发电厂未来19年产生的飞灰，武汉市政府投资1.8亿元，在青山区北湖渣场建设一座总库容量为422.39万 m^3 的飞灰填埋场。结合本工程对防渗要求更严格的特点，设计时采用了双层衬层土工膜水平防渗工艺。高密度聚乙烯（简称HDPE）土工膜施工是整个防渗系统中最关键的工序，整个工程的成败取决于防渗层的施工质量好坏。

一、工程概况

该项目总占地面积约200亩（约0.133km^2），填埋库容422万 m^3，分两期建设，主要包含土石方、防渗层、导排层、电气、道路、绿化及附属设施施工。为确保防渗系统达标，填埋库区防渗结构采用双层土工膜防渗系统，从上至下依次为渗滤液收集导排系统、主防渗层、渗漏检测层、次防渗层、基础层、地下水收集导排系统。库区底部主防渗层选择2.0mm厚的双光面HDPE膜，次防渗层选择1.5mm厚的双光面HDPE膜。侧面主防渗层选择2.0mm厚的双糙面HDPE膜，次防渗层选择1.5mm厚的双糙面HDPE膜。

二、HDPE膜施工质量控制

（一）施工前准备工作

收集相关规范、标准，组织项目部人员集中学习，认真审查图纸，必要时请设计人员答疑，理解HDPE土工膜施工中的重要参数作用，编制有针对性的监理细则，审查专项施工方案及施工技术交底工作。

该工程HDPE膜的施工流程为：基底检查→根据实际地形尺寸进行规划→按规划尺寸进行裁膜并运至施工现场相对应的位置→按施工操作程序进行铺设、焊接→检查验收。

（二）材料检查验收

该工程使用的HDPE膜共有4种，表面分为双光面和双糙面2种，厚度分为2.0mm厚和1.5mm厚2种。材料进场后，监理要核对材料合格证和检验报告与进场材料是否相符，材料规格品种是否与设计图纸相符。并且将材料外观质量作为重点来检查，确认合格再进行见证取样送检，规范要求同一批次按50000m^{2}取一个样，该工程的检测要求更高，以每10000m^{2}为一批次取样。

为避免土工膜在搬运时受损，监理人员应要求施工单位指派有经验的装卸工指导操作，并且使用厂家提供的专用吊膜带，避免土工膜与任何坚硬物质接触，确保搬运过程中的安全。在搬运过程中造成损坏的卷材不得使用。

土工膜应堆放于地表平坦、稳定、不积水的场所。堆高和堆放形状要满足安全要求，土工膜的最大堆放高度为四层，并能清晰地看到卷材的识别牌。材料堆场杜绝一切易燃易爆物品，远离火种和各种有腐蚀性的化学物品。

（三）施工过程质量控制要点

1. 基底检查验收要点

铺设前，基底必须验收合格，一是密实度须达到设计要求，二是石子、混凝土颗粒等有可能影响 HDPE 土工膜的杂物已全部清理干净，并且无渗水、淤泥、集水、有机物残渣和有可能造成环境污染的有害物质，三是基底拐角处应圆滑，一般情况下，其圆弧半径不得小于 500mm。

2. 土工膜铺设检查要点

1）库区土工膜铺设总体应按照"先边坡后场底，边坡先低级后高级"的顺序进行。铺设时应一次展开到位，不宜展开后再拖动。

2）检查铺设区域内的每片膜的编号与平面布置图的编号是否一致，膜的定位是否正确，膜片的搭接宽度是否有 100mm，贴铺是否平整（规范要求：采用热熔焊接时，搭接宽度为 100±20mm；采用挤压焊接时，搭接宽度为 75±20mm）。

3）铺设完的膜要临时压载物或地锚（砂袋或土工织物卷材）以防止铺设的土工膜被大风吹起，所使用的压载物要保证不会对土工膜产生损坏，在大风

的情况下，土工膜须临时锚固，安装工作须停止进行。

施工中，可将铺设组分为两个班组。一个班组将膜片摊铺开，另外班组将膜片调整就位，并用砂袋压实。流水作业，提高工作效率。

3. 土工膜焊接过程检查要点

本工程 HDPE 土工膜的接缝主要采用微电脑控制自动焊机进行热熔焊接，即在土工膜的接缝位置施加一定的温度使 HDPE 膜本体熔化，并在一定的压力作用下结合在一起，形成与原材料性能完全一致、厚度更大、力学性能更好的严密焊缝。在局部不能进行热熔焊接的地方则采用挤压焊接。按规范要求，监理人员须对焊接过程进行旁站监督检查。

1）焊接前检查要点

（1）人、材、机准备好后，督促施工人员先进行 HDPE 土工膜试验性焊接，并对试焊过程进行旁站检查，记录焊接机器设定的温度、速度和压力等数据。

（2）对试焊质量进行检验。试验性焊接完成后，割下 3 块 2.5cm 宽的试块，测试撕裂强度和焊接抗剪强度。当任何一试块没有通过撕裂和抗剪测试时，试验性焊接全部重做。如此反复，直到合格为止。

2）焊接过程检查要点

（1）试验性焊接合格后方可进行生产焊接。

（2）检查焊缝搭接范围的清理工作，确保无任何影响焊接质量的杂物。

（3）检查焊缝的搭接宽度，确保宽度满足设计要求（100mm），并尽可能避免接缝处产生褶皱和形成"鱼嘴"。

（4）检查坡面接缝，除了在修补和加帽的地方外，坡度大于 1∶10 的坡面不得有横向的接缝。

（5）检查边坡底部焊缝，要保证底部焊缝从坡脚向场底底部延伸不小于 1.5m。

（6）督促操作人员始终跟随着焊接设备行走，观察焊机屏幕参数，如发生变化，要对焊接参数进行微调。

（7）检查焊接进度，确保每一片土工膜都在铺设的当天进行焊接；如果采取适当的保护措施可防止雨水进入下面的地表，底部接驳焊缝可以例外。

（8）督促施工人员做 HDPE 膜保护工作，施工中只可使用经准许的工具箱或工具袋，设备和工具不得放在土工膜的表面，除在使用中外。

（9）在焊接过程中，如果搭接部位宽度达不到要求或出现漏焊的地方，应第一时间用记号笔标出，以便做出修补。

（10）在采用挤压焊接时，督促施工人员除去焊接部位表面的氧化物，并严格要求只在焊接的地方进行，磨平工作必须在焊接前不超过 1h 进行。

（11）要求施工人员每天清扫工作地点，移走和适当处理在安装土工膜过程中产生的碎块。

4. 试验测试检查要点

土工膜施工完成后，需对焊缝进行试验检验，试验分为破坏试验和非破坏性连续测试，进行非破坏性连续测试时，监理必须进行旁站检查。

1）土工膜接缝破坏试验

（1）接缝破坏测试的取样频度按《生活垃圾卫生填埋场防渗系统工程技术规范》GB/T 51403—2021 执行，即每 1000m 焊缝取一个 1000mm×350mm 样品。

（2）样品送到检测机构进行焊缝强度测试、剪切试验和剥离试验。取样点要第一时间进行修补。

（3）样品的破坏测试必须符合强度和破坏性要求。如果测试没有通过，必须在热熔或挤压焊接不合格样品取样点的两端相隔 6m 的范围内割取额外的破坏试验样品重新取样测试，重复以上过程直至合格为止。

（4）接缝被判定不合格的，必须要修补或再重新铺设。

2）非破坏性连续测试

土工膜非破坏性检测方法主要有 3 种：空气压力测试法、真空测试法和火花测试法，双轨挤压热熔焊缝采用空气压力测试法，挤压焊缝采用真空测试法，真空检测法达不到的部位应采用电火花测试法。测试过程检查要点如下。

（1）空气压力测试法

双轨热熔接缝必须用非破坏压力测试法检测。测试时，先将焊缝两端封堵，用气压检测设备对焊缝气腔加压至 250kPa，并持续 2min，检查是否有漏气。检查完成后，空气通道的压力要保持稳定并观察 10min，如果气压下降小于 10kPa 则为合格。

（2）真空测试法

挤压焊接包括挤压接缝、补片修补、接缝帽的修补与磨碎和焊接修补，采用真空测试方法做非破坏性测试。

测试前，先在接缝上涂肥皂水湿润，然后启动真空泵产生压力到真空箱，直至真空泵与土工膜之间产生气密封，此时观察至少 15s，如果在接缝中没有看见气泡，则测试通过。在接缝处出现气泡则表明有泄漏，接缝不合格，须重新修补和检测。

（3）火花测试法

任何不能用真空测试的挤压焊接（例如复杂有角的连接或者管道穿透）必须用火花进行测试。此类焊缝在焊接时，需在焊缝中埋设一条 Φ0.3~0.5mm 的细铜线。

在测试之前，先连接测试电极，并清扫测试区域内的碎块，例如土工膜碎片、金属丝、金属带和污物。在测试过程中，将移动的高压发动机充电到 20000V，铜刷电极以小于每分钟 5m 的速度扫过接缝（铜刷必须接触焊缝）。

如在焊缝上有漏洞将会发出响声，将铜刷移离焊缝约 2cm 的距离，漏洞和铜刷之间的电火花可指示焊缝上漏洞的准确位置。

完成压力测试后，任何在空气通道中暴露的针孔、切割和断面必须修补，修补完成后再进行非破坏性测试。

结语

该飞灰填埋场项目一期工程已竣工并投入使用，HDPE 膜施工质量经各项检测全部合格，投入使用至今，各预设的检测点均未检测到渗漏液，工程建设质量优良。在 HDPE 膜施工中，以关键质量控制点为切入点，做好事前交底，事中严格管控，质量就能得到有效控制。

参考文献

[1] 垃圾填埋场用高密度聚乙烯土工膜：CJ/T 234—2006[S]. 北京：中国标准出版社，2006.
[2] 生活垃圾填埋场污染控制标准：GB 16889—2008[S]. 北京：中国环境科学出版社，2008.
[3] 生活垃圾卫生填埋处理技术规范：GB 50869—2013[S]. 北京：中国建筑工业出版社，2014.
[4] 生活垃圾卫生填埋场防渗系统工程技术规范：GB/T 51403—2021[S]. 北京：中国建筑工业出版社，2007.

浅谈监理如何管控结构加固工程材料

刘 钦

武汉华胜工程建设科技有限公司

摘 要：文中以武汉市金银潭医院改造工程中加固材料管理的具体监理工作，介绍监理工程师如何依据合同、设计图纸和标准规范对材料进行进场查验、见证取样和分类管理。可为建筑结构加固等类似工程施工和监理工作提供借鉴。

关键词：加固材料；性能指标；控制要点

前言

目前，越来越多的医院进行升级改造，特别是疫情发生后，为了增加收治病人的床位数、增设负压病房，很多医院对老楼房进行了改造。由于建筑平面布局的变化和荷载的增加，加固工程就成了改造工程的重点，加固所用材料的质量关系到整个医院改造工程质量，作为监理工程师，做好加固材料管理，是保证工程质量最基础的工作。

一、工程概况

武汉市金银潭医院是武汉市突发公共卫生事件医疗救治定点医院，是武汉市疫情期间主要救治病人的医院，为了优化完善医院的基础设施，提升突发公共卫生事件医疗救治能力，该院进行了全面维修改造。改造工程总建筑面积42275.77m²，投资2.4亿元，涉及门诊楼、南北住院楼、行政办公楼、食堂等，改造内容包括装饰翻新和平面布局优化。结构加固工程主要集中在门诊和南北住院楼，因使用功能做了优化调整，门诊还新增楼梯和中庭轻钢屋面。

门诊和南北住院楼建于2008年，其中门诊楼4层为框架结构，南北住院楼7层为框架剪力墙结构，涉及的加固材料有钢筋、微膨胀混凝土、结构胶粘剂、植筋胶、锚栓、碳纤维布（高强度I级）、钢材、焊接材料等。监理工程师通过对合同、规范和图纸学习，认识到加固材料的管控是该工程监理重点。

二、对钢筋和混凝土质量的控制

（一）材料设计要求

该工程新增结构构件采用微膨胀混凝土，强度等级为C35，采用商品混凝土时粉煤灰应为I级灰，且烧失量不应大于5%，钢筋等级为HRB400级。

（二）监理控制要点

根据《建筑结构加固工程施工质量验收规范》GB 50550—2010和《混凝土结构工程施工质量验收规范》GB 50204—2015要求，监理工程师收集并核查了钢筋检查合格证、质量证明文件，检查品种、规格、性能是否满足设计要求；抽取试件见证取样，复检了以下性能指标：屈服强度、抗拉强度、伸长率、弯曲性能和重量偏差。

监理工程师检查了微膨胀混凝土供货料单、开盘鉴定、检查强度等级、配合比等，按规范要求对新增混凝土制作试块并送检，每拌制50盘同一配合比的混凝土，取样不少于1次，每次取样至少留置1组标准养护试块，同条件养护试块的留置组数根据混凝土工程量及其重要性确定，且不少于3组。

三、对结构胶粘剂的控制

（一）材料设计要求

根据《混凝土结构加固设计规范》GB

50367—2013 要求，承重结构用的胶粘剂必须进行粘结抗剪强度检验，其标准值应根据置信水平为 0.90、保证率为 95% 要求确定，严禁使用不饱和聚酯树脂和醇酸树脂作为胶粘剂。

（二）监理控制要点

结构胶粘剂应按工程用量一次进场到位，监理工程师的控制要点总结如下：

以混凝土为基材，室温固化型的结构胶，安全性鉴定性能报告应满足《工程结构加固材料安全性鉴定技术规范》GB 50728—2011 中表 4.2.2-1~ 表 4.2.2-5 的要求，由于表格太多，这里不一一列举。

（三）结构胶粘剂的检验数量按进场批次，每批号见证取样 3 件，每件每组分称取 500g，并按相同组分予以混匀后送独立检验机构复验。检验时，每一项目每批次的样品制作一组试件。

四、对植筋胶的控制

（一）材料设计要求

植筋胶属于结构胶粘剂的一种，该工程植筋胶为 A 级植筋胶，粘剂劈裂抗拉强度不低于 16.3，抗弯强度不低于 83.4，抗压强度不低于 111，应有 50 年的长期性能要求。

（二）监理控制要点

植筋胶首先应满足设计要求，其次满足结构胶粘剂相关要求，监理工程师在收集、审核材料报验资料时还要注意以下要点：

施工时，当植筋的胶粘剂固化时间达到 7 天当日，应抽样进行现场锚固承载力检验，监理工程师进行在场监督，并检查现场拉拔检验报告。

五、对锚栓的控制

（一）材料设计要求

该工程锚栓采用胶粘型锚栓，性能等

级为 5.8 级，适用于裂缝混凝土区域使用。

（二）预控要点

结构加固用锚栓应采用自扩底锚栓、模扩底锚栓、特殊倒锥形锚栓，且按工程用量一次进场到位，监理工程师控制要点总结见表 1。

（三）锚栓的检查数量按同一规格包装箱为一检验批，随机抽取 3 箱（不足 3 箱应全取），混合均匀后，从中见证抽取 5%，且不少于 5 个进行复验，若复验结果一个不合格，允许加倍取样复验，若仍有不合格者，则该批产品为不合格。

六、对碳纤维布的控制

（一）材料设计要求

该工程采用高强度 I 级碳纤维布，单位面积质量 300g/m²，厚度 0.167，选用聚丙烯腈基不大于 15k 的小丝束纤维。

（二）监理控制要点

碳纤维布按工程用量一次进场到位。

（三）碳纤维布检查数量按进场批号，每批号见证取样 3 件，从每件中，按每一检验项目各裁取一组试样的用料。

七、对钢材的控制

该工程采用 Q355B 钢材，强度设计见表 2。

承重结构的钢材应保证抗拉强度、伸长率、屈服强度、冷弯试验合格和硫、磷含量符合限值。监理工程师对钢材的控制可参考钢筋进场的控制方法，对钢材进行进场验收和见证取样复验工作，性能指标必须满足设计及规范要求才能使用。

八、对焊接材料控制

监理工程师对焊接材料控制总结如下：

由于焊接材料对焊接质量影响重大，兼之结构加固工程用量一般较小，所用焊接材料极易遇到来源不明或混批的情况，因此根据《建筑结构加固工程施工质量验收规范》GB 50550—2010 要求，焊接材料进场时必须进行见证取样复验，如果进场的材料包装已破损或批号及检验号已无法辨认，那更要进行见证取样复验。焊接材料产品复验抽样的检查数量按规范附录 D 执行。

参考文献

[1] 混凝土结构加固设计规范：GB 50367—2013[S]. 北京：中国建筑工业出版社，2014.
[2] 建筑结构加固工程施工质量验收规范：GB 50550—2010[S]. 北京：中国建筑工业出版社，2011.
[3] 混凝土结构工程施工质量验收规范：GB 50204—2015[S]. 北京：中国建筑工业出版社，2015.
[4] 非合金钢及细晶粒钢焊条：GB/T 5117—2012[S]. 北京：中国标准出版社，2013.

监理工程师控制要点 表 1

1	进场检查内容	品种、级别、批号、包装、中文标志、产品合格证、出厂日期、出厂检验报告
2	出厂检验报告包含的重要指标	粘结抗剪强度、工艺性能指标
3	进场见证取样复验指标	钢-钢拉伸抗剪强度、钢-混凝土正拉粘结强度、耐湿热老化性能、不挥发物含量、抗冲击剥离能力（抗震设防烈度7度及以上）混合后初黏度或触变指数
4	安全性鉴定报告	基本性能鉴定、长期使用性能鉴定、耐介质侵蚀能力鉴定

钢材强度设计值表 表 2

钢材		抗拉、抗压和抗弯/（N/mm²）	抗剪/（N/mm²）
牌号	厚度或直径/mm		
Q355	≤16	305	175
	>16，≤40	295	170

武汉住房公积金管理中心后湖数据中心建设工程监理工作经验分享

朱智恒

建银工程咨询有限责任公司

摘　要： 在武汉住房公积金管理中心后湖数据中心建设过程中，建银咨询现场项目监理部在疫情严峻的武汉通过务实的管理手段、专业的技术能力、创新的工作方式，完美地完成了特殊时期的项目监理工作，既获得了建设单位的赞许，也获得了此类工程特殊情况下的宝贵经验。

关键词： 疫情；智慧工地；周密策划；严格把控

随着网络技术的普及和快速发展，各类数据信息不断增长，武汉住房公积金中心的信息化配套需求与日俱增，为了提高海量数据处理能力、提高运作效率，亟须升级改造成设施更完备、性能更可靠稳定、运行高效节能的数据机房。

公司湖北分公司的项目监理部依靠技术全面、业务熟练和优秀的管理方案获得了武汉住房公积金管理中心后湖数据中心的监理业务。从 2020 年 9 月开工，至 2021 年 4 月顺利完工，项目监理部全体人员付出了巨大的心血和汗水，他们的技术能力、实施能力和管理能力获得建设单位了高度赞许，对项目监理部专业的表现、敬业的态度、严谨的工作表示肯定，对工程的现场工程控制效果及档案资料质量给予高度评价。现就本项目作一个简单的工作经验分享。

一、制定疫情防控专项方案，严格落实防疫措施

该项目施工前，武汉刚经历前所未有的疫情冲击，工地疫情防控就显得尤为重要。在项目开工前项目监理部编制了《疫情防控方案》和《疫情防控管理办法》。在查询湖北省及武汉市相关政策后，与建设单位协商，防疫费用由甲乙双方平摊，打消了施工单位的顾虑，让施工单位在整个项目实施过程中能够主动严格按照该方案和办法配置防疫物资，定期消杀，管控出入人员及其活动轨迹，在项目实施的 7 个多月中，疫情防治措施始终严格执行，未发生一例事件，确保了工程能够顺利实施。

二、积极推行智慧工地建设，提高建设项目科学化、信息化、规范化

该项目是在既有建筑上的改造项目，在施工的同时还有部分区域在正常办公使用。施工区域两个楼层和室外及屋面，由于工程地处金融机构，安全防范要求严格。另外，施工期间经常发生疫情管控。项目涉及民生，需按期完工，为了保障工程质量，管理到位。在项目开工之初，监理部就要求施工单位完善远程高清视频监控系统安装接入工作，提供互联网访问通道，与建设、项目管理和施工单位协商后，在各施工区域设立高清视频监控系统，并覆盖所有施工点。监理部应用该远程监控系统辅助开展监督管理工作，实现对各施工工作

业面的全面管控，若发现施工现场存在违规行为的，督促施工单位落实整改措施，该系统生产和保存的部分视频数据可作为建设项目实施过程中的影像资料。建设单位通过该远程监控系统也能够实时掌握现场实施情况，做到心中有数。施工过程的规范化管理让建设单位对现场的安全、质量控制更加放心、安心。

三、提前分析谋划、周密组织安排实施，做好建设单位的参谋

由于该数据中心选址在既有建筑大楼的四层，原设计为普通办公环境。项目监理部在审查图纸过程中，发现蓄电池的布置较集中，随即与建设单位、设计单位、设备供应商进行沟通，确定该UPS室蓄电池组与成套低压开关柜等设备的重量超过原建筑的楼层承载力，向建设单位建议对原建筑进行评估，并与设计单位沟通楼层加固方案，最终采用既经济影响又少的加固方案。

加固后，项目监理部又及时通知建设单位委托第三方检测单位对加固情况进行荷载检测。由于室内条件有限，检测单位采取搭设水槽注水检测的方式。此时室内装饰已完毕、部分设备已进场，考虑到检测试验的水压情况，随时有可能对支撑架造成破坏，发生水淹事故，故要求检测单位事先做好应急预案和应急准备工作。试验中，项目监理部人员轮班24h值守巡查，不定时对支撑架各个部位进行检查，发现漏水情况及时通知检测单位抽水，补强后再注水。通过各项保障措施，避免了返工损失。

四、严格落实相关安全规范，把安全隐患消除在萌芽状态

安全生产责任重于泰山，要时刻紧绷安全生产这根弦。项目开工前，项目监理部就要求施工单位加大安全投入，加强法律法规和建设标准、操作规程的学习，提高操作人员的能力水平，并对各种可预见的风险进行识别、分析，编制了《风险识别、评估清单》，制定了相应的分级管控措施，从源头上杜绝了安全隐患。施工过程中检查了施工场所人员进出管理、施工人员安全防护措施、安全警示标语标牌设置、重点区域防护等情况，加大排查力度，对各类隐患实行"零容忍"，做到早发现、早整改，安全管理人员各司其职、通力合作，有效地防范了安全生产事故的发生。

五、材料设备的进场检验必须到位

材料、设备的管理至关重要。材料、设备进场后，项目监理部根据《施工合同》中项目采购清单逐一检查比对，确保设备、材料型号及数量与合同约定一致，并都有完备的进场验收手续和检测试验报告，对于与约定不一致的情况要求施工单位拿出佐证资料。如通过比对发现照明系统采购项目已由其他装修单位施工完成，要求该项目施工单位对清单中多余部分进行核减，此项工作为建设单位节约大量资金。

六、严格按照进度计划实施，出现偏差及时调整

该项目参建单位众多，工程变更审核签章流程较复杂，导致工程进度出现了

一定的滞后。发现此问题后，项目监理部及时组织各参建单位召开专题沟通协调会，会上监理机构制定了一套符合本项目的报审流程，并确定了各单位联系责任人，每个流程责任人须在规定时间内完成审批程序，否则拖延的时间由该单位负责，该监理措施很好地保证了项目实施的连续性、紧凑性，提高了运作效率，在工序交接频繁且工期紧的情况下，为项目按期完成创造了良好的条件。

七、严格控制施工过程中的洽商变更，实事求是签证

在项目实施过程中，项目监理部认真核查现场实物工程量和签证，参与工程结算工作，严格控制工程造价不超过批准概算，加强分析预测，提高了审核工作的准确性、可靠性和原则性。如精密空调外机原设计放置在四楼连廊处，后设计变更至八楼楼顶安装，项目监理部发现施工单位在办理空调外机工程量签证过程中，又在综合布线签证中将该部分电源线重复计算，监理机构对该部分费用进行了核减；机房微模块配电列头柜空开至工业连接器3mm×16mm截面电缆规格过大，为设计错误，后调整为3mm×6mm截面电缆，监理机构要求施工单位在综合布线签证中对已替代材料费用进行核减，并督促施工单位据实结算。监理部认真履行了监理职责，对许多内容不详尽、手续不完备的签证均予以拒签，实现了投资效益，为建设单位节约资金70余万元，受到建设单位的好评和肯定。

通过该项目的监理工作创新，建银工程咨询有限责任公司不仅树立了品牌形象、赢得了良好的口碑，还为今后类似情况项目的监理工作积累了宝贵经验。

探讨医疗建筑全过程工程咨询服务实践

王 宁 刘 伟

安徽宏祥工程项目管理有限公司

摘 要：通过公司一批完工及在建医疗建筑工程建设项目全过程工程咨询服务实践，对医疗建筑项目管理工作内容、管理措施、管理重难点做经验交流，探索医疗工程建设项目管理服务的创新与发展，积极应对全过程咨询服务发展的新形势。

关键词：医疗建筑；全过程咨询；项目管理；实践探讨

一、企业简介

安徽宏祥工程项目管理有限公司是集工程项目管理、工程监理、工程招标投标代理、医疗建筑咨询、工程造价咨询、项目建议书编制等于一体的综合性公司。公司注册资金2000万元，现有员工近300人，其中各类注册人员近200人，公司一直专注于"医疗建筑"项目管理工作，是合肥市全过程咨询试点企业、安徽省优秀监理企业、安徽省优秀项目管理企业，重视项目管理业务的开展，创立并逐步完善了一整套项目管理的业务指导体系，并成功地实施了数十个医疗建筑工程的项目管理，依托企业自身发展状况，跟随行业发展形势，在全过程工程咨询服务领域做好项目管理＋监理服务，在医疗建筑方面探索专业化、精细化、规范化的工程咨询技术服务。

二、公司医疗建筑工程在建及完工一览表（部分工程）（表1）

公司医疗建筑工程在建及完工一览表　　　　表1

序号	完工项目名称	备注	序号	在建项目名称	备注
1	全椒县人民医院新院区建设项目	项目管理	1	复旦大学附属儿科医院安徽医院项目	管监合一
2	肥东县人民医院新院区建设项目	管监合一	2	合肥市三院（合肥市中医院）新院区项目	管监合一
3	太湖县人民医院整体搬迁项目	管监合一	3	岳西县人民医院新院区建设项目	管监合一
4	无为市人民医院扩建项目	项目管理	4	怀宁县人民医院整体搬迁项目	管监合一
5	和县中医院医疗综合楼项目	管监合一	5	安徽省疾病预防控制中心迁建工程	管监合一
6	安徽省二院职业病防治综合楼	管监合一	6	肥西县人民医院医疗专项工程	管监合一
7	淮南妇幼保健院医疗专项工程	项目管理	7	潜山市立医院新院区项目（一期）	管监合一
8	凤阳县中医院新院区项目	管监合一	8	庐江县县级医院分院工程	管监合一
9	省食品药品检验院检验楼项目	项目管理	9	安徽省儿童医院医技综合楼项目	管监合一
10	潜山市市妇幼项目	管监合一	10	长丰县岗集、朱巷中心卫生院项目	管监合一

三、全过程工程咨询（医疗建筑）服务主要工作内容

全过程工程咨询可分为四个阶段：前期阶段、准备阶段、实施阶段和运营阶段。医疗建筑前期策划阶段需要完成的主要事项为：项目建议书（批复立项）、可行性研究报告（编制与评审）、设计任务书（编制）、勘察设计单位招标等。

医疗建筑项目管理重点主要在策划、设计及施工准备阶段：

医疗卫生建设项目可行性研究报告的编制。首先应参考《综合医院建设标准》或专科医院及其他医疗卫生项目建设相关标准规定的建筑面积指标，计算分析建筑面积规模；其次还要考虑人工智能、物联网和通信信息等新技术的快速发展及推广使用，需要配套相应辅助用房；最后，医改新政策和医疗服务新模式变化（如推进分时段预约挂号、互联网诊疗、日间手术、日间病床、家庭病床、分级诊疗及双向转诊、医联体等），要求医院建筑方案设计任务书既需明确功能及工艺流程需求，还要给设计方创作设计方案留下充足空间。

工程咨询及项目管理介入要早，由于医院建筑是业界普遍认同的民用建筑类型中功能最复杂的公共建筑，其功能布局、科学流程不能被忽视，医疗设备选型、工艺设计需专业技术指导。拟建项目功能需求一般在项目建议书阶段不可能梳理得非常清晰准确，设计方案规划反复论证很重要，通常需要有一个循序渐进的过程，业主单位也会在策划的不断深化过程中提出新的功能需求。

医院设计需要有前瞻性，方便项目竣工投入使用后能够更符合未来国家新

医改政策、智慧医院等新医疗服务模式和医疗工艺流程需求，减少拆改量和缺陷；医疗安全、感控安全、生产安全等是医院正常运营发展的核心要求，项目设计还应契合拟建医院运营发展和提高绩效考核指标的需求，更多考虑医护人员和患者的人性化设计，应和周边环境更好地融合。另外，设计招标应包含医疗工艺、设备规划设计。

项目初步设计、施工图设计阶段基本决定了项目的造价、使用功能，对工期、质量有着重要影响，因此设计管理是全过程工程咨询服务管理的重点；施工准备阶段除常规项目管理内容外，部分项目报批报建还需通过卫生部门审查、许可，报建人员要具备相关医疗设备配置、医院设计规范标准常识（表2）。

医疗建筑全过程工程咨询主要服务内容：

依据《房屋建筑和市政基础设施建设项目全过程工程咨询服务技术标准（征求意见稿）》，工程建设全过程咨询主要包括工程勘察设计咨询、工程招标采购咨询、工程监理与施工项目管理服务三个部分。

按安徽省地方标准《全过程工程咨询服务管理规程》DB34/T 4161—2022，全过程工程咨询的内涵非常丰富，工

程咨询服务的范围和内容也非常有"弹性"，每一个全过程工程咨询项目未必都是从项目投资决策阶段开始，直至竣工验收为止的全过程咨询。因此，应当突破传统的投资咨询、设计咨询、工程监理或项目管理服务等思维模式来看待全过程工程咨询。

公司主要服务内容为一般设计管理、招标投标管理、报批报建服务、项目管理、工程监理等。

四、项目管理实践经验

业主与主管部门的大力支持很重要。公司的肥东县人民医院新院区项目、太湖县人民医院整体搬迁项目、复旦大学附属儿科医院安徽医院项目、合肥市三院（合肥市中医院）新院区项目、安徽省疾病预防控制中心迁建工程项目等的成功实施，与各级政府、医院、住建局、重点工程建设管理中心、质监站的大力支持，与安徽省建设监理协会、合肥市建筑业协会、合肥市监理专委会、全过程工程咨询专委会、安徽省项目管理协会等行业协会的大力帮扶密不可分！

业主单位要充分放权，项目管理单位要严防越权管理。

项目设计的类别及内容　　　　　　　　表2

序号	定义	内容	备注
1	立项	规划选址、土地预审、环评许可、项目建议书	政府投资项目的基本建设程序
2	可行性研究	可行性研究报告	
3	医疗策划	市场调研、医疗功能定位、医疗服务需求测算、运营策划、医疗设备规划、医疗设施规划、医院建筑设备规划	确保1、2项的正确、完善而进行的各项基础工作，可作为附件或独立使用
4	建设策划	用地空间分析、建设容量分析、分期建设论证、交通影响评价、环境影响评价、造价测算	
5	设计任务书	设计任务书	在1~4项工作的前提和基础上转化、提取数据及空间要求后形成的主要设计条件

医疗建筑项目管理专业化管理团队非常重要。参与项目工程咨询服务的设计管理、招标投标管理、报批报建人员的综合素质与实战经验决定了项目工程咨询服务的质量和业主方的满意度。公司成立了医疗建筑专家库，在医疗工艺、医疗设备规划阶段，提供合理化建议；在设计管理阶段，参与方案论证与优化；在专项工程、大型医疗设备采购阶段，审查招标文件相关技术参数，陪同建设单位考察调研，提出合理化建议。在项目实施阶段，参加设计交底与图纸会审、方案论证，回复相关业主、设计、供货商技术咨询服务（表3）。

以策划和设计管理为例，不断对项目管理实践经验进行总结提升。

（一）前期策划阶段

1. 项目定位：医疗定位、建设目标、发展规划。

2. 学科规划：医院发展规划、国家级区域医疗中心设置标准。

3. 科室规划：医院运营数据、大数据分析、各科室发展需求。

一般医疗定位由国家或地方政府（具体为卫健委）主导，建设目标、发展规划、科室设置（含布局及规模）等需要院方（使用单位）确认，院方提供医院运营数据（改扩建项目）或政府提供大数据（新建项目）分析。此阶段应准备编制医疗工艺流程及布局规划、医疗科室规划、医疗设备规划、医疗设施规划、重大建安设备规划。

（二）方案设计阶段

1. 建筑方案比选：应要求设计单位提供多种方案，院方组织专家论证确定。

2. 一级工艺流程设计：内容包括医院交通流程体系、科室规模位置、面积等；需院方配合，收集反馈各科室及管理层意见，书面确认一级流程平面图。

3. 二级工艺流程设计：内容包括科室内部房间数量、科室内部设备数量、科室内部流程；需各科室提出需求、沟通修改，书面确认二级流程平面图。

一级、二级工艺流程设计需满足使用方功能需求，同时符合医疗卫生相关设计规范、标准要求。

（三）初步设计、施工图设计阶段

1. 初步设计阶段：应要求设计单位进行智能化、污水处理、医用气体、物流传输、净化工程、标识标牌等医疗专项工程设计。

2. 施工图设计阶段（三级工艺流程）：内容包括初步设计方案优化、机电工艺配合、施工图复核规范、三级工艺流程，需院方确认；协助做好施工招标投标管理（包括清单编制、材料品牌确认、招标文件审查）。

需要院方确认三级工艺流程，完成相关卫生、环境评价评估和报批、审批事宜；避免后期变更、影响使用功能。

现阶段要求完成医疗工艺流程及布局规划、医疗科室规划、医疗设备规划、医疗设施规划、重大建安设备规划编制。

医院建筑项目管理实施阶段现场交叉作业，管理协调难度大。

要加强对质量、安全、进度的控制，严把进场材料、设备的质量控制。材料、设备进场前应将品牌、材质、规格型号确认后方可进场，督促施工单位严格按审批合格的施工组织设计或方案进行施工，每道工序施工完，必须经项目管理、监理验收合格后方可隐蔽，如有质量问题，必须整改合格报项目管理、监理复查后方可隐蔽，严禁擅自隐蔽，利用定期及不定期安全检查等方式对施工现场及大型机械设备运行的安全情况进行管理，发现安全隐患及时要求、督促施工单位进行整改。积极引进BIM技术协助设计各专业间协调、现场组织管理交叉作业协调。

要使项目建设顺利推进，各参建单位职责分工要明确。

业主（项目管理）单位、设计单位、监理单位、施工总承包单位（含专项工程及设备供应商）按照合同约定，明确各方责任主体定位与责任分工，特别是业主单位主要负决策、监督职责，要对项目管理及监理单位放权，项目管理单位作为业主方的职责延伸，负责项目策划、组织、实施、协调等业主方的具体工作，不可越权，各方密切配合、相互监督。强化总包单位自身管理，突出监理现场管控，落实项目管理部监督管理。

项目管理和监理的区别：

1. 时间跨度不一样，项目管理自项目开始至项目完成，通过项目策划和项目控制，以使项目的费用目标、进度目标和质量目标得以实现，包括决策、实

项目名称	室内装修	特殊医疗用房方案	医疗保障设施方案	医院智能化	医疗家具营养食堂	标示标牌
提供信息及具体要求	提出医疗及设备操作要求	手术室影像科核医学静脉配置	医用气体物流传输空调净化消毒供应污废处理	挂号收费教学示教远程治疗一卡通	功能需求舒适性能基本配置	导引要求安全警示宣传示范

公司提供的具体信息及要求　　表3

施、使用，是项目的全寿命管理；工程监理受建设方委托在施工阶段对工程进行安全控制、质量控制、成本控制（投资）、进度控制和合同管理、信息管理。

2. 管理协调范围不一样，项目管理受甲方（业主）委托，负责为甲方办理报批报建、招标采购、勘察设计管理、施工项目管理，并在建设过程中协调招标代理、工程检测、跟踪审计等各参建方主体，包含外部协调事宜；工程监理受甲方委托，负责施工监理，进行施工阶段项目参建业主、监理、勘察、设计、施工之间的组织协调管理工作，主要是内部协调。

五、监理企业全过程工程咨询服务发展体会

首先，应了解国家关于全过程咨询服务发展的相关政策。

其次，要充分理解全过程工程咨询业务组合。

再次，要明确全过程工程咨询的内涵和外延，加强学习和宣传。作为转型升级导向性监理企业，应主动向参建单位诠释人们对全过程工程咨询认识不一、理解各异的现实问题；明确委托全过程工程咨询合同约定的范围和内容、服务期限和酬金、咨询成果形式以及双方义务、违约责任等条款，全过程工程咨询的程序、方法及成果，项目服务实施依据；明确全过程工程咨询的组织模式及工作要求，以及咨询项目负责人及相关咨询人员职责。

最后，工程咨询方应独立、公平、科学地开展工程咨询服务活动。咨询服务目标应为节约投资成本、缩短项目工期、有效规避风险、降低运营成本，使业主单位实现投资效益最大化，回归工程监理的定位初衷，促进企业转型升级发展。全过程咨询服务项目落地后要精益求精、公平公正地把项目咨询工作做好，真正做好培育、促进全过程咨询服务业发展；科学地开展工程咨询服务活动，要求咨询单位通过专业技能，全过程、全方位为业主方提供工程咨询服务。

结语

实施工程建设全过程咨询单位应具备招标代理、勘察、设计、监理、造价、项目管理等全过程一体化咨询服务执业资格（单位及从业人员）和能力。全过程工程咨询服务活动建议参照国家发展改革委、住房和城乡建设部2020年4月23日发布的《房屋建筑和市政基础设施建设项目全过程工程咨询服务技术标准（征求意见稿）》实施，同时尚应符合国家及各省市地方有关标准规定。

参考文献

[1] 住房和城乡建设部 2020 年 4 月 23 日发布的《房屋建筑和市政基础设施建设项目全过程工程咨询服务技术标准（征求意见稿）》。

[2] 安徽省市场监督管理局 2022 年 3 月 29 日发布的《全过程工程咨询服务管理规程》DB34/T 4161—2022。

拓展工程建设管理广度　延伸投资监管参谋深度
——全过程工程咨询服务探索与实践

袁达成

湖北广域建设管理有限公司

摘　要： 全过程工程咨询服务涉及建设工程全生命周期内的策划咨询、前期可行性研究、工程设计、招标代理、造价咨询、工程监理、施工前期准备、施工过程管理、竣工验收及运营保修等各个阶段的管理服务。旨在优化管理界面，提高工程建设管理和咨询服务水平，保证工程质量和投资效益。建设事业任重道远，形势发展时不我待。公司进一步坚定监理企业搞好全过程工程咨询服务的信心，监理企业在全咨服务中必将大有作为。近年来，虽然公司进行了一些有益的探索，但是仍然要不断提高。今后公司将互相学习，取长补短。不仅是监理同行要相互学习，还要以开放的胸怀、谦虚的态度、务实的作风向兄弟行业学习。

关键词： 全过程工程咨询；上下游业务延伸；投资控制；规范化；信息化

前言

随着工程建设行业的不断发展和业主对工程全过程咨询服务需求的进一步提升，工程监理企业和人员在工程全过程咨询管理服务中将接受新的考验和挑战。现阶段，工程监理企业和人员如何最大化地在工程全过程咨询管理中发挥作用，是监理从业人员应深思的问题。探究此问题，对现阶段工程监理企业和人员有十分重要的现实意义。

湖北广域建设管理有限公司成立于1997年3月，20多年来，公司从监理业务出发，克服技术、人才及市场的重重困难，不断向上下游业务延伸，向全过程工程咨询业务转型升级。坚持"把业主的项目当作自己的项目来做"的服务理念，发挥"专业的人做专业的事"的优势，以项目管理为统帅，通过开展工程监理、招标代理、工程造价三大业务版块，由单一的监理服务模式成为拥有建筑工程和市政公用工程监理甲级、工程造价咨询甲级、工程招标代理机构甲级等多项业务资质的综合型工程咨询服务企业，为发展全过程工程咨询业务打下了坚实的基础。

一、顺应形势发展需要，提升工程建设全过程咨询服务意识

全过程工程咨询服务高度整合建设管理各阶段工作，有利于项目实现更快的工期、更小的风险、更省的投资和更高的品质，有利于消除建设管理过程中不同管理界面间的冲突和矛盾，有利于集聚和培育出适应工程管理行业发展大趋势的新型专业技术服务企业，进而提升工程管理行业集中度，进一步加快我国工程管理行业与国际惯例接轨的步伐。公司充分认识全过程工程咨询发展的重要性，充分了解全过程工程咨询，利用在服务项目推进过程中的优势，在项目组织实施中大力推广应用全过程工程咨询模式，以更高的水平推进项目建设。近年来，公司紧紧抓住政策机遇，先后承接了多项全过程工程咨询项目，覆盖了从建设项目投资决策阶段到项目最终

结算审计的全过程，实现了提高建设效率、节约建设资金、提升工程品质、降低业主风险等重要目标，得到了业主的认可和赞扬。

二、强化组织体系建设，构建一体化高素质管理团队

公司整合多方资源，形成管理、技术等相融合的综合性服务团队，构建由业主团队和咨询团队联合组成的一体化项目团队，将高校、设计、施工和工程管理方面经验丰富的专家吸收进项目团队，将系统性问题一站式整合，有效避免了咨询服务"碎片化"管理，从分散走向一体，从部分走向整体，提供了无缝隙、无分离的综合性服务。

三、紧盯工程建设环节，拓展综合管理决策咨询广度

（一）制定全过程工程咨询服务技术标准

一是结合建设项目需求，制定全过程工程咨询总体大纲，形成了从项目策划到运营维护的全链条咨询服务指引，并由全过程工程咨询项目负责人审核并报建设单位审批后实施。二是由各专业制定专业咨询管理方案，覆盖了项目策划、勘察、设计等各个咨询服务环节，并由全过程工程咨询项目负责人审批后实施。公司在郧西县大健康产业园项目全过程工程咨询中，制定了全过程管理咨询大纲与专业咨询管理方案，促进了项目管理的规范化。三是对参建单位进行管理制度与工作流程的交底，实现建设项目所有程序皆有章可循，做到建设项目技术标准规范化与统一化。

（二）介入项目策划，完善项目方案

工程项目的投资决策阶段，是对拟建项目进行必要性和可行性论证的重要阶段，这一阶段的工作质量直接影响建设项目的成功与否，更是决定了投资方在工程建设中能否获得预期的利润。根据项目具体情况进行全面的分析，向建设单位提出合理化建议，立足后期项目建设阶段技术优势，从前期介入工程策划与管控实施，根据建设方需求及项目具体情况，从项目策划、可行性研究、方案设计全过程跟踪分析项目可行性研究，及时为建设单位提供专业咨询支持，提出合理化建议，实现经济效益和社会效益的提升。如湖北汉江技师学院工程，公司经深入分析经济环境的变化以及周边大型项目的建设因素，提出对项目进行战略升级的有关建议，被建设单位采纳，实现了企业、高校、科研等产业主体深度融合，形成了创新合力。

（三）有效控制投资成本

将投资控制贯穿于整个全过程工程咨询服务过程，制定设计、发包、施工、竣工等各个阶段投资控制重点。一是通过设计优化，节省成本，深度对接业主方需求，认真解读设计任务书，在方案设计、初步设计、施工图设计、深化设计等环节，融合发挥工程勘察、工程造价咨询、监理等各咨询模块的协同效益，制定最优的设计方案，确保设计内容全面、科学、安全、先进、适用、经济，最大限度地减少后期设计图纸变更。二是抓好工程项目施工阶段的监理工作，工程监理单位作为参与工程建设的第三方，不仅担负着工程材料设备质量控制、施工工序质量控制、工程验收质量控制、工期控制的重要职责，还承担着沟通和协调工程建设各参建单位关系的重要工作，对工程施工以及

结算都有重要影响。工程项目施工阶段，公司做好施工组织设计和专项施工方案审查、材料进场管理、设备管理、检验批隐蔽工程验收、施工检测和试验管理、工程竣工初验、工程竣工验收等一系列工作。一旦业主与施工单位发生争议，处理工程索赔、审批工程延期、工程变更等事项，针对矛盾进行双方的沟通协调，并促进建筑工程各项工作顺利开展，保证工程项目顺利施工。三是严格材料批价，做好现场签证及整个工程计量，对施工单位提出的设计变更申请，公司研讨变更的必要性、合理性、经济性。通过全过程咨询，专家组协同作战，预判评估，优化设计，在确保设计内容最优的基础上，相比同类项目减少了大量后期设计图纸变更，为顺利推进项目奠定了坚实基础。

四、谋划创新手段，服务项目监管，咨询科学高效

公司通过全过程咨询服务，促进施工过程有效整体管控，通过建模管理对工程造价进行提前预控，在立项阶段、设计阶段、施工阶段、竣工运营阶段，基于全过程管控状态的估算、概算、预算、决算实现无缝对接，做到工程造价的动态调整。基于对现场的提前模拟与演练，项目部人员对项目存在的质量、安全隐患进行提前预警与准备，及时化解可能出现的风险，提升了项目管理水平和企业竞争力，也促进了行业数字化水平的提升。

监理工作责任重大，社会期待很高，要求我们要有契约精神，遵守合同约定。同时，我们还要遵守国家法律、地方法规和强制性标准的各项规定。监理人时时要有红线意识和底线思维，才有可能持续发展，行稳致远。

以项目管理作为工程建设全过程咨询的核心

张 平 王文革 王建峰 邱志芳

永明项目管理有限公司

摘 要： 分析工程建设全过程咨询的现状和趋势，研究工程建设全过程咨询模式下咨询人的服务特点与方式，结合实践过程中存在的问题，总结现阶段工程建设全过程咨询的核心是以项目管理为主线，以技术咨询为手段的咨询服务新模式。

关键词： 全过程咨询；项目管理；技术咨询

引言

2017年2月，国务院办公厅印发《关于促进建筑业持续健康发展的意见》（国办发〔2017〕19号），明确提出要"培育一批具有国际水平的全过程工程咨询企业"，全过程工程咨询在全国各地逐步展开，业界随之开展全过程工程咨询的规划研究及落地实施。根据《全过程工程咨询服务技术标准（征求意见稿）》，全过程工程咨询服务分为投资决策综合性咨询和工程建设全过程咨询。工程建设全过程咨询是项目实施落地的重要一环，包括工程勘察设计咨询、工程招标采购咨询、工程监理与施工项目管理服务三个部分，项目管理与技术咨询是此阶段决定其服务价值的核心，也是推行全过程工程咨询的价值所在。

一、建设单位在项目实施过程中的痛点

目前，建设单位在项目实施过程中存在如下痛点：

1. 前期调研不足，实施过程方案变更频繁。有些项目，设计单位对建设意图理解不准确，需求了解不到位，实施过程中，没有全方位考虑使用者的实际需要，建设方案几经变更，也不一定达到完全满意。同时影响项目的投资控制，"三超"现象无法杜绝。

2. 技术力量薄弱或理论知识在实践中应用不强。现实中会出现建设单位要么没有专业的技术人才，要么就是理论知识水平高，但解决实际问题的能力达不到。

3. 方案策划不足或者方案策划脱离实际。前期策划和分析不充分，急于上马或行动，在实施过程中发现很多方面没有具体的指导方法去解决问题，临时停下来再去找方法。

4. 风险控制单一，没有全面的风控意识。房地产项目最注重销售价格对项目利润的风险控制，轻视质量风险和安全风险等多维度、多层次的风险控制。而国有投资对技术风险、经济与管理风险估计不足，往往出了问题后不知怎样做才能够将损失降到最低，让监理单位成为责任的牺牲品。

5. PDCA循环在项目管理中应用不足。这致使流程化管理不能发挥重要作用，项目管理流于形式，从而造成领导疲于奔命堵漏洞、到处灭火的现象。

二、项目管理在建设工程全过程咨询中的作用

在建设工程全过程咨询实践过程中，项目管理对工程建设过程起着决定性作用，作为咨询方，承担项目管理工作，可以运用自身的专业技术知识和管理经验，为项目建设目标的实现提供保

障。其作用可以归纳为以下几点：

1. 项目管理策划可以提前解决实施过程中遇到的问题，并提前预防。根据工程特点，对项目设计、招标采购、质量目标、进度计划、投资管理、报批报建等进行总体策划，项目管理策划应包括下列管理过程：①分析、确定项目管理的内容与范围；②协调、研究、形成项目管理策划结果；③检查、监督、评价项目管理策划过程；④履行其他确保项目管理策划的规定责任。对范围管理、相关方管理、系统管理、流程管理等进行明确，解决实施过程中出现的问题。

2. 在设计与技术管理、绿色建造与环境管理、沟通管理、风险管理、收尾管理等过程中，咨询方需要统筹各类资源，订立计划，设计流程，制定表单，同时对进度、质量、安全、投资及专业间界面衔接等工作进行控制管理。其专业性是建设单位需要的。

3. 采购与投标管理不但可以解决供应商的问题，同时也能解决建设单位资金计划、工期计划、报批报建等部署问题。除协助建设单位编制招标方案、确定招标计划、编写招标文件技术要求及合同条款、组织合同签订外，还可以协助建设单位就报批报建各项工作搜集要件、审查要件、上报主管部门等，减轻建设单位专业人才不足的问题。

三、项目管理在建设工程全过程咨询中的应用

由永明项目管理有限公司承揽的安康市中心医院综合能力提升工程新建门急诊综合楼建设项目，是一个"项目管理＋监理＋造价咨询＋BIM咨询"的建设工程全过程咨询项目。项目位于安康市金州南路85号（安康市中心医院院内），项目地上13层，地下2层，总建筑面积39041.1m²，其中地上建筑面积28902.3m²，地下建筑面积10138.8m²，项目资金来源为自筹。服务期限为2020年8月10日至2023年8月9日。截至目前，项目已经完成±0.000混凝土浇筑，各项管理指标正常。

（一）以管理经验为导向，组建项目咨询团队

建设工程全过程咨询是一项多专业协同的服务工作，需要将不同专业、不同性格的人员组织在一起，作为项目咨询负责人，仅具有较强的专业技术能力是不够的，因此需要一位能够掌控全盘、经验丰富的领导人。不同的项目，选拔用人的标准也不同。比如房地产开发项目的负责人，合适的人选是房地产公司担任生产副总的人员；而政府投资项目，应选择同类项目的有基建经验的负责人担任。

因此，该项目全过程咨询团队的所有成员均为从本公司选派技术全面、法制观念强、政策水平高、高度责任感、作风正派的具有中高级职称的工程技术和经济管理人员，组成一个强有力、高效率的组织管理体系，为本工程保质、保量、按期完成提供现场管理保障。

在现场人员满足要求的前提下，公司专家团队、BIM中心为该项目提供线上与线下服务支持。强有力的组织是项目管理的基础。

（二）以成果文件为准绳，明确咨询服务标准

建设工程全过程咨询的成果文件既包含设计阶段、准备阶段的各项成果，又包含实施过程、运营维护阶段成果，这些成果就是管理的结果，没有过程的服务标准，管理只是一盘散沙。

公司在项目进驻后，先后下发了《全过程咨询成果文件汇编目录》，要求项目部按照目录罗列需求和服务标准，建立全过程咨询项目管理制度，制定流程，颁布标准，如《投资估算评估意见书》《投资控制管理纲要》《年度投资建议计划》《事项审查意见表》《多方案经济比选意见书》《项目管理制度汇编》等，实现了流程管人、标准管事的项目管理标准。让咨询方的项目管理规范化、流程化、标准化，使参建单位一目了然，自然接受。

（三）以项目管理为核心，确保咨询服务水平

国外将全过程工程咨询划分为管理咨询和技术咨询，而管理咨询是决定项目科学决策、科学分析、科学实施的最重要因素，因为咨询成果集中反映项目的管理水平，进而体现了服务水平。

目标控制是项目管理的核心任务，业主方的项目管理是管理的核心。建设单位将项目管理交给咨询单位，虽不能完全当家做主，但做好"管家"却是分内之事。因此，咨询单位将项目管理作为全过程咨询的核心，是体现服务水平的最好表现。

公司在项目进场后，编制了《安康市中心医院综合能力提升工程新建门急诊综合楼项目管理规划》，下发了《项目管理总流程》《勘察设计阶段管理办法》《限额设计管理办法》《绿色建造与环境管理管理办法》《施工准备阶段项目管理办法》《竣工验收阶段项目管理办法》《风险预警与报告制度》《沟通管理办法》《安全生产应急预案》等文件。这些文件，不但有文字性描述，而且有相应的管理表格。这一系列文件经过建设单位审批后，其专业性得到了建设单位的一致好评。

（四）以技术咨询为抓手，提高咨询服务质量

安康市中心医院综合能力提升工程是在原来门诊大楼的南侧新建门急诊综合楼，地形过于方正，裙楼建筑内部未知难度大。初设出来后，裙楼共有106间诊室，87个无窗户，造成诊室采光条件不足，给后期运营带来不小的压力。经公司技术审核后，建议设计单位对裙楼核心位置采光顶，变诊室为等待大厅和扶梯，空余平面位置布置挂号、缴费、采血、报告查询、柜员机等窗口，建筑面积得到了有效利用，提升了就诊体验。

由于病房楼设计层高为3.6m，经吊顶后，室内层高仅2.7m，公司设计人员将消防喷淋系统由原设计的顶喷，优化成边墙式侧喷。室内吊顶抬高至3.1m，减少房间内的压抑感，提高了患者的舒适度。抢救室要求每床面积不小于30m²，而设计仅为16.09m²，不符合规范要求等。

公司对该项目累计提出重大优化设计4项，不符合强条设计3项，其他一般问题26项，受到了院党委、基建办的一致好评。甲方已经许诺，后续的项目继续由公司组织实施。

（五）以信息化智能化为手段，解决人才短缺问题

由于医院类建筑对流线设计要求很高，而且是必须懂得看病流程的人，才能看出问题，一般的监理公司没有这类人才，公司发挥信息化、智能化的优势，共计召开专家在线视频会议3次，邀请同济大学著名的医院设计专家蔡文卫，召开远程会议，解决设计方案的优化问题；组织省内专家，对结构设计方案进行论证等。这既解决了人才短缺的问题，又减少了西安往返安康的高费用等问题。

四、交流与分享

建设工程全过程工程咨询，以项目管理为核心，统筹工程监理、造价咨询、招标代理、BIM咨询等专业服务，提供完善的工程咨询服务体系。通过该项目的实践，有以下几点感悟，与各位同仁交流。

（一）监理企业在项目管理方面有得天独厚的优势

监理企业的从业人员具备"懂管理、懂技术、懂经济、懂法律，会协调"的基本素质，而这又是项目管理的核心内容，是其他设计、代理、造价等单位所不具备的。

（二）监理从业人员身份转换简单

现场监理只需将监理角色转换为"二业主"的角色，实际工作中，掌握住：当好管家管理不越位，做好参谋不越权。站在业主的角度看待问题、分析问题、处理问题。以专业的能力、服务的心态，取得参建各方的信任与支持，就可以推动项目实施，并有序开展各项工作。

（三）平台公司与实体公司的结合，解决企业人力资源问题

例如公司筑术云平台专家库由行业精英组成，不受地域时空限制，随时可以组织起来，对安康市中心医院设计的总体布局、流线进行优化，并提出合理化建议，受到业主单位的一致好评。

（四）利用新技术，提高决策能力、设计水平和科学管理水平

在安康市中心医院项目上，公司运用BIM技术，对医疗管线优化布局、净高分析、医疗特装、精装修与主体结构对比分析等，避免了重复设计，提前规避不必要的浪费。

（五）利用智能管控系统提升现场管理水平

监理部运用公司的尖刀产品——筑术云，组建智慧工地管理团队，实现标准化、信息化、智能化管理，提高了监管效率，杜绝质量安全事故的发生。

（六）流程管理与流程再造是简化项目管理的主要手段

项目管理部运用专业化手段，优化项目管理流程，使风险管理简单、实用、有效。通过制定一系列管理制度，优化全过程造价咨询服务，加强过程结算，科学合理控制投资，使项目管理更为科学，做到了项目全寿命周期价值最大化。

结语

《关于推进全过程工程咨询服务发展的指导意见》（发改投资规〔2019〕515号）明确指出，在项目决策和建设实施两个阶段，着力破除制度性障碍，重点培育发展投资决策综合性咨询和工程建设全过程咨询，要求全过程咨询单位应当以工程质量和安全为前提，帮助建设单位提高建设效率、节约建设资金。咨询方承担工程建设全过程咨询业务时，只有通过项目管理，才能统筹各方关系，确保项目目标的顺利实现。扎实的服务、认真的工作、强有力的管理，是项目咨询单位对甲方的最好承诺，是推进工程建设全过程工程咨询最有力的保证！

参考文献
[1]《FIDIC合同条件》1999年版。

探索全过程工程咨询服务模式在开发项目中的实践与应用

刘尚琛

九江市建设监理有限公司

摘　要： 探索"融合式"全过程工程咨询管理服务模式在"限价定向开发商品房"项目中的探索实践，运用科学的管理手段，更好地发挥监理企业提供全过程咨询服务的优势，积极探索房地产开发项目的特点和管理难度，真正从开发者的视角来看待项目，真切地体会业主的困境，从而赢得业主的认可。

关键词： 监理企业转型升级；创新管理模式；项目策划；财务收支平衡表；执行概算修正

一、项目基本情况

（一）项目背景

《九江市国民经济和社会发展第十三个五年规划纲要》指出，加快做大中心城区，通过集聚产业、集聚人口、拓展建设用地等实现集聚发展，促进产城融合、港城融合、景城融合，做大做强中心城市，增强其作为省域副中心、长江中游城市群重要节点的城市功能。山居水岸项目作为九江学院教育资源整合项目的配套工程之一，是九江市政府为了达到"留住人才，引进人才"而新建的集住宅、商业及社区公共配套用房于一体的商住小区。

（二）建设规模

山居水岸项目总规划用地面积约13.3582 万 m²；总建筑面积为 26.02万 m²，其中地上总建筑面积为 20.21万 m²，不计容面积为 20.22 万 m²。项目总投资约 12.5 亿元，主要由 37 栋住宅楼、1 栋 3F 商业中心、1 栋 2F 社区服务中心及地下室、给水排水系统、供电系统、景观绿化、小区道路、环保设施等公共配套工程组成。

（三）项目定位

加大高层次人才引进力度，通过建设人才公寓等优惠政策吸引人才、留住人才，打造九江市中高档品质的住宅小区。本项目可定义为"限价定向销售商品房"，为了实现目标，建设单位积极探索创新管理模式，采用"融合式"管理模式。

（四）项目进展情况

2020 年 3 月项目完成可行性研究及设计招标，10 月完成全过程工程咨询招标，12 月完成土地招拍挂；2021 年 3月完成方案报规并取得工程规划许可证，4 月完成总包招标，7 月取得施工许可证，9 月完成首批预售许可证，11 月完成 D 区地库顶板封顶。

（五）全过程工程咨询情况

本项目建设单位采用"融合式"管理模式，在全过程工程咨询招标时明确了人员配置和服务需求。服务范围包括项目策划、设计管理、招标采购策划、施工阶段工程监理、造价咨询服务等工作内容。

二、项目特点分析

建设单位作为九江学院全资成立的开发公司，拥有国有企业性质的背景。与开发公司不同的是，所有流程和制度按国有企业的相关约束执行，项目定位为"限价定向开发商品房"，所谓"限价"，是指政府在土地出让条件时对房屋售价设定了上限；所谓"定向"，是指面向博士生、教授、科研等高层次人才为对象；所谓"开发商品房"，是为了合法合规项目按房地产开发的相关流程运作，属于市场化行为。这样的大前提，将本项目在管理过程中的重难点凸显得尤为明显。

三、监理企业转型提供全过程工程咨询服务

（一）全过程工程咨询服务策划

1. 项目管理组织策划

本项目建设单位采用"融合式"管理模式引进全过程工程咨询服务，项目管理人员与建设单位管理人员合署办公，纳入建设单位的日常管理。公司接到任务后，派驻了经验丰富的管理人员，首先对建设单位现有人员的情况进行摸底，结合人员结构特点，对整个建设单位与全过程咨询单位共同组建的项目管理团队进行了组织结构设计，包括组织形式、部门职责、岗位职责等，形成了三套方案供建设单位参考决策。

2. 全过程工程咨询服务工作分解（WBS）

通过多年积累，对项目总体实施的工作分解包括整合管理、设计、设计管理、招标采购、招标管理、报批报建、现场施工、施工管理及移交。

3. 项目总控管理

项目管理部针对项目特点经过两个月的反复讨论研究，制定《山居水岸项目总控计划》报建设单位审批，项目总控计划分为六大阶段，包括启动阶段、设计阶段、报批报建、招标采购、施工阶段、竣工验收。

（二）前期报批报建管理

在报批报建工作启动前，对本项目涉及的所有报批报建工作进行梳理，形成了《报批报建工作销项清单》，同时结合总控计划节点，制定了《报批报建进度计划》，为项目报批报建专员提供工作依据，引导报建人员按计划实施，为项目总体进度目标提供重要保障。

项目在前期报批报建阶段，项目部采取一周一调度，一日一反馈的机制，让项目团队实时掌握项目进展、报建过程中出现的问题，及时协调相关部门，第一时间解决困难，从而提高办事效率，满足项目进度。

（三）设计与技术管理

设计管理的三大目标：设计进度管理、设计质量管理、设计投资管理，动态持续贯穿项目建设全过程。主要工作内容包括需求管理、技术管理、信息管理、沟通协调管理、绿色创新等。

通过对山居水岸项目设计界面划分，确定设计合同包及设计工作内容界面划分和启动时间节点，包括主体工程设计、外立面装饰设计、室内装饰设计、弱电智能化设计、海绵城市、装配式建筑、高低压变配电设计、景观设计、室外配套工程设计。

通过调研对标当地类似地产开发项目，完善主体工程设计任务书编制，将项目交付标准、设计限额指标要求进行约束。

（四）招标和合约管理

招标管理三大目标：招标进度管理、招标质量管理、招标投资管理。在项目方案设计完成后，按照工程特点对项目合同包进行分解，对整个项目的招标进行规划，明确发包范围、发包方式及投资估（概）算额等管理内容，制定《招标采购规划》。根据总控进度计划、设计出图计划、招标规划等条件，编制招标进度计划，确定各招标项目启动及完成时间，制定《招标采购计划表》。

同时在单项招标工作开始前，负责梳理、划分标段招标项目的发包范围及施工界面，并就施工总承包招标工作提出合理化建议。对招标范围、资质条件、评分细则、合同专用条款、主要材料设备品牌推荐表编制《单项采购方案》与《技术规范和服务要求》，纳入《招标文件》。在招标工作完成后，负责编制和移交《招标阶段总结》《招标台账》《招标资料移交表》。

（五）投资与资金管理

1. 财务收支平衡表

项目前期通过土地出让条件约束的本项目最高销售均价不超过6200元/m²，为项目进行销售策划，通过分析规划条件指标，对住宅可售面积、车位数、地下室面积、商业配套等向设计单位提出最高估算限额指标为12.6亿元。

2. 设计优化

1) 地库优化

通过对投资估算指标的分析，发现设计院地下室面积与本项目总建筑面积和车位配比存在不协调情况，地下室面积严重超标，过于浪费，项目总投资较大。作为全过程咨询单位，借助公司后台力量，通过多年的积累，调取了当地开发项目的多个项目案例和经济指标，供设计单位参考，最终通过团队三个月的沟通与努力，本项目的地下室从最初的82000m²，优化到59000m²，共优化地下室面积约23000m²，节约投资约7000万元。

2) 消防系统优化

通过对图纸审查，结合相关规范和公司多年工程监理工作的经验积累，对项目的消防系统进行优化，在满足图审和验收要求的前提下取消了部分系统，缩减了部分做法，合计节约造价150万元。

3）桩基优化

根据地勘报告情况和地基承载力要求，地勘报告描述的推荐桩型为天然筏板地基基础和旋挖桩型的基础形式。通过复核验算，同时审查地勘报告的地基承载力指标，通过对比周边项目相同土层提供的地基承载力参数，发现本项目勘察单位提供的持力层地基承载力指标偏保守，相对较低，严重影响了结构设计的计算。通过反复与勘察单位沟通，采取现场进行荷载板试验用来校核数据参数。最终调整桩基形式，由旋挖桩变更为预应力预制管桩。筏板基础厚度缩减了30cm，大大节约了造价，节省了投资，也加快了工期。预计节约投资1600万元。

3. 勘察管理

针对勘察单位提交的勘察布孔方案，结合勘察规范，发挥了解和掌握当地地质情况的优势，通过优化勘察布孔方案，优化前总详勘孔为397个，优化后总详勘孔为328个，同时在勘察阶段派驻现场管理人员实施监督旁站，对每一孔进行验收并留存影像资料，防止勘察单位弄虚作假，原合同勘察费约127万元，通过前期的优化控制和实施过程中的监督管控，最终勘察费结算价为100万元，节约投资27万元。

4. 概算编制与执行概算跟踪

针对项目的投资管控形成《成本专题会》，主要用于协调管理，对于概算执行过程中的问题和矛盾，及时提醒和修正概算。项目最初批复的概算总额为125451.39万元，通过半年的项目推进，全过程咨询项目管理部组织建设单位对概算执行情况进行定期小结，对拟进行的概算修正情况进行了通报，修正概算为125696.18万元。同时根据预测绘成果进行了收入测算修正通报，及时有效地形成专题报告，提出合理化建议并告知建设单位，方便建设单位进行下一步投资风险预控决策。

结语

本项目通过探索"融合式"全过程工程咨询管理服务模式，在"限价定向开发商品房"项目中的实践与应用，运用科学的管理手段，更好地发挥监理企业提供全过程咨询服务的优势，积极探索房地产开发项目的特点和管理难度，真正从开发者的视角来看待项目，真切地体会业主的困境，从而赢得业主的认可。

借助国家推动监理企业转型升级的东风，把握住了市场，通过这3~5年的探索与实践，积累了一定的对项目全过程管理的经验和教训，摸索出监理转型实施全过程工程咨询的成功道路，认为只有提供高附加值的咨询服务才是未来咨询行业的可持续发展之路。

公司要借此项目培养一批具备全过程咨询管理能力的项目管理人员，建立健全实施全过程工程咨询服务的管理制度和服务标准，在全省范围内起到示范引领作用。

监理企业开展全过程工程咨询的优势及经验交流

安军

华春建设工程项目管理有限责任公司

摘　要： 住房和城乡建设部、国家发展改革委及各省住房和城乡建设部门先后出台相应的政策文件推进全过程工程咨询行业发展，面对行业的重大变革，监理企业如何抓住机遇利用自身优势实现成功转型？如何提升综合实力和管理水平？本文的经验和观点与同行进行交流，以期具有一定的借鉴作用。

关键词： 监理企业转型；全过程工程咨询；经验交流

一、全过程工程咨询出台的相关政策文件

2017年2月，国务院办公厅发布《关于促进建筑业持续健康发展的意见》（国办发〔2017〕19号）首次提到"全过程工程咨询"这一概念，提出培育一批具有国际水平的全过程工程咨询企业，并鼓励各建设项目推行全过程工程咨询。

2017年7月，住房和城乡建设部出台《关于促进工程监理行业转型升级创新发展的意见》（建〔2017〕145号），鼓励监理企业开展全过程工程咨询服务。

2019年3月，国家发展改革委、住房和城乡建设部发布《关于推进全过程工程咨询服务发展的指导意见》（发改投资规〔2019〕515号），在房屋建筑和市政基础设施领域推进全过程工程咨询服务。

各省、自治区、直辖市陆续出台了推进全过程工程咨询的相关文件，为全过程工程咨询服务全面开展提供了政策支持。监理企业如何面对行业的重大变革，抓住机遇利用自身优势实现成功转型？以下的经验和观点以期与同行进行交流。

二、监理企业开展全过程工程咨询服务的优势

优势一：建设工程监理在现行法律法规中的地位

1.《中华人民共和国建筑法》《建设工程质量管理条例》的颁布使建设监理制度在工程建设中的地位受到了国家法律法规的保障，确立了监理企业的市场主体地位。

2.法律法规规定了强制监理的范围。《建筑法》第三十条规定："国家推行建筑工程监理制度，国务院可以规定实行强制监理的建筑工程的范围。"《建设工程质量管理条例》第十二条规定："五类工程必须实行监理。"《建设工程监理范围和规模标准规定》又进一步细化了必须实行监理的工程范围和规模标准。法律法规的相关规定为监理企业拓展全过程工程咨询提供了先决条件。

优势二：国家推行建设工程监理制取得的成就得到社会广泛认可

建设工程监理制自1988年试点起步开始，于1997年在建设领域全面推行后至今，业已取得了明显的社会效益和经济效益，促进了我国工程建设管理水平的提高。因此，工程监理已成为建设工程管理中不可或缺的重要环节，也势必会成为全过程工程咨询的主力军。

优势三：监理企业从事全过程工程咨询不打破现有的体系

全过程工程咨询只出台了相应的政策文件，与其相关的法律法规未能及时

配套，现行工程资料体系中无全过程工程咨询单位签署意见栏，全过程工程咨询单位能否作为五方责任主体在现行的工程资料上签署意见，尤其是未取得监理资质的全过程工程咨询企业，建设行政管理部门也没有明确的定论。监理企业如果开展全过程工程咨询业务具备先天优势，应不改变现有工程资料体系。

优势四：监理人才的培养优势

《建设工程监理规范》GB 50319及工程监理企业、监理从业人员双重准入制度的颁布，为建设工程领域培养了一批全面、专业、规范的监理人才，监理人员在施工阶段的管理经验、技术经验具备了开展监理业务上游的决策咨询、勘察设计管理、招标代理等专业咨询服务的能力，为拓展全过程工程咨询的全面开展奠定了坚实的基础。

优势五：综合实力较强的监理企业率先开展全过程工程咨询并已打开局面，逐步得到市场认可

一些综合性较强尤其是具有设计院背景的监理企业，开展全过程项目管理、项目代建、全过程工程咨询业务，为监理行业全面开展全过程工程咨询服务打开了局面。

综上，监理企业作为全过程工程咨询服务的提供方或者联合体的主导者，具备得天独厚的优势。

三、监理企业转型发展全过程工程咨询服务经验探讨

全过程工程咨询服务经历四年多的试验和发展，虽然取得一些成就，但未能取得建筑市场的全面认可。如何改变现状？如何提高全过程工程咨询的服务质量？如何打造强有力的全过程工程咨

询团队？都是监理企业必须面对的现实问题。

（一）进行资源整合

1. 资质资源的整合

全过程工程咨询服务要求从事服务的咨询企业具备多项咨询资质及综合管理实力，监理企业应将资质的整合作为开展全过程工程咨询服务的工作重点，对缺失的资质通过申办、收购等方式进行补充，或者与专业咨询公司（例如勘察设计单位等）签订长期战略协议、组成联合体共同承揽全过程工程咨询业务，形成资质互补、合作共赢。

2. 对专家资源进行整合、利用

建立专家库并对专家进行分类管理和资源整合，借助专家的专业和经验优势为全过程工程咨询服务提供技术支撑。公司在对接西安某医院的全过程造价咨询业务中，邀请医疗工艺方面专家共同与医院进行业务洽商，在医疗工艺及造价控制等方面提出好的建议，不仅承揽到全过程造价咨询业务，同时将医疗工艺咨询、投资管理、合同管理等业务一并承接下来，专家资源的优势得到充分体现。

3. 内部资源整合、建立全过程工程咨询服务保证体系

受以往传统工程咨询市场影响，咨询企业的各专业部门各自为政，未能形成无缝对接和合力。全过程工程咨询项目的负责人能否调动公司的所有资源是决定全过程工程咨询服务成败的关键因素。监理企业应建立全过程工程咨询服务的管理体系和保证体系，制定相应的管理办法、考核制度和部门配合奖惩制度，从制度上约束个人及各部门的协同和配合。

4. 外部专业团队、专业咨询公司的整合

监理企业缺乏前期咨询方面的人

才，可以和专业团队或专业咨询公司建立长期合作关系，共同完成业务的承揽和实施。监理企业只需安排专人负责对专业团队（专业咨询公司）进行管理并同建设单位进行对接，这样不但降低监理企业运营成本，保证及时完成承揽的前期咨询任务，还可将前期咨询工作获得的工作经验以及与其他咨询服务的衔接注意要点分享给项目管理团队成员，对提升项目管理团队的综合管理水平起到促进作用。

（二）复合型人才的培养

1. 制定人才培养计划

监理企业可以选择管理经验丰富、专业技能全面、现场协调能力较强的监理人才，通过制定人才培养计划和落实专业化培训，使其掌握全过程工程咨询项目经理应具备的综合技能。同时组织各专业部门、各项目部之间进行经验交流、学习，尤其是在咨询服务过程中取得的经验和教训进行分享和交流，逐步提高管理人员的综合执业水平。

2. 人人充当培训师角色

部门或项目部应定期组织每名管理人员编制本专业的培训课件，对其他管理人员进行专业培训，个人通过收集资料、编制课件、备课、讲授等过程，不但巩固自己的专业知识，提高自己的写作能力、演讲能力和沟通能力，同时也增强同事之间的了解和交流。培训过程中通过学习、讨论、总结，既学到专业知识，又通过培训将自身的不足加以改进。

3. 全员参与咨询文件编制

从事咨询服务的管理人员必须参与项目专业咨询文件及管理实施方案的编写、审核和会签工作，既拓宽专业知识面，同时又了解不同阶段、不同专业文

件的编制要点和编制要求，通过不断的学习和交流，提高个人的综合能力，实现全过程工程咨询服务在各阶段、各专业间的无缝对接。

4.邀请专家进行专业培训

邀请专家解决技术难题的同时请专家对员工进行专项培训，通过专家对技术难题的解读和提出的处理方案以及对团队进行培训，来提高管理人员的专业水平。

5.鼓励涉足其他专业领域

鼓励管理团队及成员涉足其他专业领域，不断学习新的知识和技能，拓展咨询服务范围，为业主提供更全面的咨询服务。

笔者所在的全过程工程咨询管理团队曾被安排本应由造价部门参加的审计厅工程审计工作。团队在完成分配的工程审计工作任务外，还主动协助财务审计小组进行财务审计工作，从工程管理的角度对征地计量、补偿款计算和支付进行审计，取得良好效果，查出多项违规事项，整个团队的工作表现获得审计厅领导的好评。审计团队将获得的审计经验进行交流和分享，在以后的全过程工程咨询服务中可以把审计风险咨询服务作为增值服务的亮点，彰显全过程工程咨询的全面、增值、专业的服务优势。

6.项目实操培训

通过采用固定岗加轮岗方式到项目上进行实操培训来提高咨询人员的综合管理能力。例如组织咨询管理人员去管理成效较好的项目进行观摩、实习、轮岗，参加各项目部之间的经验交流会，开阔眼界、学习成功经验、提高管理水平。

（三）提高监理企业的知名度

1.参加行业规范、标准编写

积极参加行业标准、技术标准、规范等文件的编写工作。通过标准编制可以提升公司的软实力、提升企业品牌形象、企业知名度；提升建设单位对企业品牌的认同感，提升企业整体管理服务水平。

华春公司主导编制的《工程建设项目招标代理工作标准》、参编的《全过程工程咨询服务规程》《陕西省全过程工程咨询服务导则》都已颁布实施，受到协会表彰，既赢得荣誉又提高企业在业内的知名度。

2.参与行业协会组织的经验交流会

行业协会组织召开的经验交流会，是信息流通和交换的重要方式。咨询行业之间需要互通信息。监理企业通过参与经验交流会汲取宝贵经验，通过与优秀企业对标找出差距，制定解决办法，提升企业整体实力。

3.与知名企业合作、交流

咨询企业要时刻了解行业发展动态和新技术的开发应用。华春公司领导组织员工到广联达西安数字建筑产品研发及产业化基地项目的学习和经验交流，使我们对广联达数字建筑的研发和发展有了进一步认识。

广联达作为一个造价软件开发的企业，能够在造价软件研发行业做精做强的基础上不满足现状，精准地把握住建筑业发展的脉搏，将触角延伸到与建筑相关的专业，取得良好的社会、经济效益，成功实现企业的转型升级，值得监理企业思考、借鉴和学习。

四、加强对全过程工程咨询服务的宣传

作为从事全过程工程咨询的监理企业，不但要做好全过程工程咨询服务，还要不忘时时宣传全过程工程咨询，让市场对全过程工程咨询有更深入的了解。华春公司在一些项目上只承揽了全过程工程咨询中的部分专业咨询业务，但仍然主动向建设单位提供超出合同范围的增值服务，并同时向建设单位宣传采用全过程工程咨询模式的优势。西安高科鱼化集团、西部战区驻和某部、咸阳金融控股集团等单位先后邀请华春公司全过程工程咨询管理中心进行全过程工程咨询服务的宣讲，通过宣讲和交流让建设单位对全过程工程咨询有了全新的认识。

五、承揽全过程工程咨询业务的几点建议

（一）杜绝低价竞标、恶性竞争

目前全过程工程咨询市场竞争较为激烈，个别监理企业为取得全过程工程咨询业务采用低价竞标策略，有些报价甚至低于成本，中标后又不得不将原来投标所报的具有执业资格和管理经验的人员进行更换，提供的服务质量达不到合同约定的标准引起业主的强烈不满，给全过程工程咨询行业发展造成不良影响。作为监理企业应该为自己的行为负责，从自身做起保证行业良性发展。

（二）增强全面服务意识、提高咨询服务的质量

目前建设单位对全过程工程咨询服务还存在顾虑，从事全过程工程咨询的监理企业不要寄希望于建设单位短期内转变这个观念，要让建设单位完全接受全过程工程咨询，还需要我们咨询企业付出艰辛的努力以及提供更全面、更专业的咨询服务来进行改变。作为咨询企业应从增强全面服务意识和提高服务质

量着手，哪怕是只承揽一项专业咨询服务，也要按照全过程工程咨询服务的标准进行服务，主动与其他专业咨询单位进行沟通、融合，将本专业咨询服务向上下游延伸，为建设单位提供更全面的服务。监理企业在做好工程监理服务的同时可以主动将监理工作前置，介入决策阶段，参与项目决策，对设计方案进行优化，协助建设单位签订施工、采购合同，为建设单位提供增值服务，取得建设单位的认同。

（三）抓住机会，展现综合实力

急建设单位之所急，在为建设单位做咨询服务时，要尽量做到全面、细致、专业。华春公司在对接西安某医院全过程造价咨询业务时，医院要求义务确定施工临时道路造价的问题，公司安排专业团队前往现场查看，同时根据医院实际情况，并给出合理建议：施工临时道路应考虑后期的使用，建议临时道路由租借临时用地改为征地，工程结束后临时道路作为医院第二出口，解决施工期间对医院正常经营的影响及医院无第二通道的问题，为医院二期扩建奠定基础；建议清理以前建设留置的土方，在对土方量进行估算时发现留置的土方中含有砂石，经查看地质勘察报告，发现地表1.5m以下是砂石地层，建议医院对土方工程单独招标并提前联系商混站或骨料加工厂，将挖出砂石出售，降低建设成本；同时建议对医技楼位置、人防地下室位置进行调整，因基坑开挖深度超过10m，且基坑边缘距临时道路和实验楼距离较近，如果采用护坡桩，支护施工成本较大，且砂石地质条件，护坡桩施工难度也较大、成本较高。以上建议得到医院高度认可，展现了华春公司的专业技术能力。

监理企业想真正实现企业转型和全面开展全过程工程咨询服务还有一段艰辛的路程，还需监理企业的共同努力，相信在不久的将来，全过程工程咨询服务将大放异彩。

BIM技术在建筑工程监理工作中的应用方法及实践研究

乔 慧

山西诚联工程项目管理有限公司

摘 要：2015年6月16日，住房和城乡建设部发布的《关于推进建筑信息模型应用的指导意见》中明确了"BIM在建筑领域应用的重要意义"，同时提出了"发展目标和工作重点"等要求。监理单位作为工程项目的参与方，需要实践研究并改进传统的监理工作方法，逐步实现建筑全生命周期在同一多维建筑信息模型基础上的数据共享，产业链贯通，为建筑业的提质增效、节能环保创造条件。

关键词：建筑工程；监理；BIM技术；应用

一、BIM 技术的优势

BIM 技术是在建筑与信息技术发展下的衍生物。BIM 技术涵盖了土木工程、工程管理学以及计算机等多门学科知识，是建筑工程施工监理的重要组成部分。BIM 技术在应用中，可通过对建筑工程施工现场进行监测，将各种信号转换为数字化形式，将数据导入自身的建筑信息库当中，通过对数据进行归类、整理，从中筛选出有用的信息，方便领导部门下达正确的决策。BIM 技术实现了建筑行业的信息化管理，解决了各专业之间出现的碰撞问题，减少了建筑监理人员的工作量，有效控制了建筑工程施工的成本，确保建筑工程能够在指定日期内顺利完成。

（一）建筑工程信息化

BIM 技术的应用改变了传统的项目管理方法，贯穿于整个建筑工程生命周期，从工程可行性研究和方案设计阶段开始，通过建立 BIM 的可视化信息模型、应用框架和数据管理平台，工程各参与方采用 BIM 应用软件与建模技术，通过信息传输的工程数据库，建立可视化的工程模型，包括建筑、结构、给水排水、暖通空调、电气设备、消防等多专业信息的 BIM 模型，根据不同阶段任务要求，形成满足各参与方使用的数据信息。

信息化是建筑产业现代化的主要特征之一，BIM 应用作为建筑业信息化的重要组成部分，必将极大地促进建筑领域生产方式的变革。

（二）建筑工程信息协调性

在建筑工程施工中，监理人员起着一定的导向作用，通过工程项目的过程需求和应用条件确定 BIM 应用内容，分阶段（工程启动、工程策划、工程实施、工程控制、工程收尾）开展 BIM 应用。优化项目实施方案，合理协调各阶段工作，缩短工期、提高质量、节省投资。实现与设计、施工、设备供应、专业分包、劳务分包等单位的无缝对接，优化供应链，提升自身价值。

（三）建筑工程信息共享性

BIM 技术存储了工程各阶段的所有信息，凡在施工过程中出现的变更，都会引发所有数据的变化，根据这些变化可以及时更改 BIM 模型中的信息，以便工程参与方及时了解到工程信息。

二、工程监理 BIM 的应用点及应用策略

（一）工程监理 BIM 应用流程

在 BIM 工程监理技术应用前，监

理人员需做好准备工作，对 BIM 监理系统进行测试，对相关数据进行统计分析，确定检测结果准确无误后，才能应用于建筑施工现场。如果监理人员没有对 BIM 技术进行提前测试，很容易出现突发状况，影响建筑工程的正常开展。BIM 技术可实现建筑工程全过程的监测管理，对各个环节施工质量进行验收，以便及时作出修整。BIM 工程监理技术改变了传统的工程监理模式，提高了监理部门工作人员的管理水平。BIM 技术的应用流程为通过建立 3D 模型，对每一道施工工序进行监控，不仅可对施工动态过程进行管理与审查，还可对施工方案进行分析与评价，及时指出方案中存在的不足，设计人员可根据修改建议，具有针对性进行修整，确保施工方案具有较强的实用性价值。

（二）监理 BIM 应用点

使用 BIM 技术对建筑工程施工质量进行审核，对修整后的设计方案以及其他验收标准做好记录，以明细表的形式展现出来，以此作为工程监理的依据。在整个施工流程验收过程中，BIM 技术在不断更新与设计当中，通过对监理对象进行标记，能够及时发现 BIM 工程监理中存在的不足，并采取相应的措施进行弥补，实现建筑企业利益最大化目标。在建筑工程施工中，BIM 技术主要应用于施工前的准备阶段，为后续施工的顺利进行奠定基础。

首先，在施工设计阶段，设计单位需根据建筑施工现场情况以及业主的要求，对建筑施工进行合理设计，使其满足施工单位的建设要求。为确保施工设计方案的真实、可靠性，利用 BIM 技术构建施工设计模型，抓住施工质量控制要点，对施工复杂点进行深入研究，并

提出更多的施工设计修改意见。对于一些施工难度较大、内容复杂的施工项目，在对施工设计方案进行会审时，工程监理部门应使用 BIM 技术，对施工中可能遇到的问题以及施工质量关键点进行计算分析，帮助监理部门确定主要的检测对象，便于后期对工程施工质量节点进行有效控制，从而提高建筑施工的质量。此外，在建筑工程施工中，使用 BIM 技术还可对施工进度进行判断，通过对各环节的施工进展进行评价，利用 4D 模拟，对后续工程施工材料以及设备的采购进行预算，并提出相关意见，确保建筑工程能够在规定期限内完成。其次，BIM 技术在工程施工质量控制方面也起到一定的作用，通过模拟施工流程，对施工复杂程度进行分析，找出质量关键点，具有针对性地进行质量检查与验收，确保工程质量符合国家相关规定。最后，在建筑工程结束后，利用 BIM 技术对施工图纸和建筑物模型进行对比分析，查看整个施工过程是否按照施工设计图纸进行。

（三）监理 BIM 的应用方法

想要提高建筑工程信息化管理水平，我国研究人员需加大对 BIM 监理技术的研究，开发出 BIM 技术程序软件，将软件接口与监理设备相连接，实现建筑工程全过程的监测与管理，充分发挥 BIM 技术信息共享平台的作用，以此来提高监理员工的工作效率，这种监理方法成为我国 BIM 技术的主要研究方向。BIM 技术可实现整个建筑施工区域内的控制，系统涵盖面积广泛，充分发挥了 BIM 技术的应用价值，也为建筑工程施工质量提供了可靠的保障。因此，在建筑工程施工中，监理部门需合理利用 BIM 技术，构建 BIM 工程监测系统，将

BIM 技术的功能充分发挥，减少成本支出，为建筑企业创造更多的效益。

如今，BIM 技术广泛应用于施工监理当中，通过对建筑施工流程进行分析，将 BIM 技术与其他施工技术相结合，构建施工模型，以实现监理工程为导向，对建筑施工各环节进行控制，协助工程监理部门共同完成施工的控制与管理工作。

三、BIM 技术在实践中的应用

（一）应用 BIM 模型对设计阶段进行会审

利用 BIM 技术信息共享功能，实现建筑工程中各部门人员间的信息交流，通过对建筑施工各环节进行监测与评审，可提高各部门人员的协调能力。现如今，BIM 模型普遍应用于设计阶段的会审、关键节点的检测以及交接过程中的监管工作中。

在建筑施工的设计阶段，设计人员需对建筑结构的每一个部位进行准确测量，通过计算得出相关数据，以此作为建筑结构设计的标准。不过，在建筑结构的测量中，许多细节往往被忽略，从而造成施工设计方案中存在较大的测量误差。如果施工设计阶段出现问题，便会影响整个建筑工程的质量，甚至会引发各种安全事故，对人们的生命安全造成威胁。因此，监理部门在对施工图纸进行检测时，应将重点放在建筑结构尺寸上，一旦发现设计方案中存在尺寸偏差，应立即与施工设计部门沟通，并对设计方案进行调整。其中，在建筑物楼层与楼梯部位的检测过程中，仅凭借肉眼很难发现设计中存在的问题。在这种

情况下，监理人员可利用 BIM 技术，构建施工设计模型，通过模型演练，对模型中相关数据进行提取并计算，可直观、明了地看出设计中存在的问题。BIM 技术的使用大大减轻了监理人员的工作压力，提高了监理人员工作的效率，可为施工设计环节提出更多宝贵的意见，便于后期建筑施工的顺利开展。

（二）应用 BIM 对关键节点进行检测

对于一些施工内容较为复杂的建筑工程项目，为确保施工技术能够得到合理运用，在建筑工程监理中，监理人员可利用 BIM 技术，构建施工模型演算，对施工技术的应用情况进行分析。明确施工人员的具体操作，对施工技术的应用效果进行评价，指出施工过程中需要改进的地方，将施工技术的优势更好地发挥出来。此外，利用 3D 技术将施工平面图进行测绘，监理人员可直接、明了地观察出施工技术在应用中存在的问题，并采取相应的措施进行解决，以便对建筑工程的质量造成影响。另外，对于一些较难发现的细节问题，监理人员可通过数据演算的方式，查找出问题的关键部位，可实现建筑工程全方位的监督。

（三）应用 BIM 进行质量控制的优化

伴随着高层建筑物的兴起，建筑企业将迎来更大的挑战，建筑工程质量成为监理部门的主要工作内容。如果建筑工程质量得不到保障，很容易引发各种安全事故，为建筑企业造成更大的经济损失。由于建筑工程内容较为复杂，且需依靠大量的人力、物力资源，工程监理人员工作开展的难度较大，许多细小的问题很难被发现。将 BIM 技术与其他施工技术相结合，构建一个完整的工程监理系统，对建筑工程中每一个环节进行检测，可及时检查出建筑工程中存在的质量问题，便于监理部门对员工进行管理，降低安全事故的发生频率。此外，在建筑施工中，常常受到人为因素以及自然因素的影响，监理人员可使用 BIM 技术对施工方案进行调整，构建施工模型，观察施工进展情况，为建筑施工提供切实可行的整治措施。

结语

综上所述，BIM 技术在建筑工程监理中发挥着重要的作用，实现了对设计阶段、质量控制以及关键节点的检测功能，弥补了传统建筑监理工作中存在的不足，提高了监理人员的工作效率，为建筑工程的施工质量提供了保障。此外，通过对整个施工过程进行监控，能够及时发现施工中存在的隐患问题，并采取有效的措施进行整治，提高了建筑工程施工的安全性。

如今，面对强大的市场需求，有关部门在不断地完善相关政策，推广优秀应用项目，但我们地方从业人员缺少相关工作经验，无法制定出实际方案，上级主管部门应开展行业技术交流会，制定相应鼓励政策，帮助企业挖掘职工潜能，激发项目应用 BIM 活力，最终形成一支符合项目需求的、完整的复合型人才队伍。

参考文献

[1] 杜卉 .BIM 技术在总承包单位工程管理中的应用研究 [D]. 淮南：安徽理工大学，2017.

[2] 高伟娜 . 基于 BIM 技术的建设项目工程造价风险研究 [D]. 长春：吉林建筑大学，2017.

[3] 凌锦科 . 房地产项目的精益管理 [D]. 南京：南京大学，2017.

[4] 潘刃 .BIM 技术在办公建筑设计及物业管理中的应用研究 [D]. 南宁：广西大学，2015.

[5] 刘光枕，朱甜，鳞腾飞 .BIM+ 装配式建筑在应急工程建设项目中的应用研究 [D]. 沈阳：沈阳建筑大学，2021.

关于工程监理企业信息化建设方案的探讨

李显慧

山西维东建设项目管理有限公司

摘　要：信息化建设是一种技术手段和工具，而非一种目的，信息化建设的要求以满足企业的业务需要为理念导引，并非单纯地通过购买几台电脑、选择软件和购置硬件、连上互联网就能解决的，必须对其进行更深层次的经营管理改革。信息化建设的实质是对企业经营管理体制进行深层次的改革和管理方法、模式的重新再造。理清信息化建设应用系统中可能存在的各种管理的障碍和干扰，才能保证建设信息化系统中的应用得以实施。

关键词：信息化建设概述；信息化建设构架；信息化建设应用系统

一、工程监理企业信息化建设概述

工程监理企业是具有相关资质并受建设方（业主）的委托，依据国家批准的工程项目建设文件、有关工程建设的法律、法规和工程建设监理合同及其他工程建设合同，代表建设方（业主）对施工方的工程建设，实施监督管理的一种专业化服务活动，是一种有偿的工程咨询服务。

中国建设工程监理制，从 1988 年开展试点到 1997 年正式开始全面实施，已经发展 24 年了，工程建设监理企业也是从无到有，由少至多，不断发展壮大。随着住房和城乡建设部不断地修订完善《建设工程项目管理规范》和国家对建设市场代建制度的要求越来越高，政府政策也对市场导向提出了更高的要求：大中小型的工程监理企业要逐渐走向综合性的监理企业或者专业服务型的监理企业。

对于工程监理企业要承担起一个全过程、全方位工程监理服务及其综合管理服务而言，监理企业必须具备更强的工程项目经营管理能力。也就是说，建设工程项目的管理在未来，中国将逐渐步入一个规范化、标准化的发展时期，国内监理行业正面临新的市场经济发展机遇，推行专业化的工程项目管理技术变革，创新项目管理技术能力，不仅有利于帮助监理企业自身降低项目投资的成本和风险，更有利于有效地提高广大客户的建设项目满意度，借此大大地提升了企业的核心价值观及竞争力，使得越来越多的人有能力去抓住机遇，才有可能不被市场竞争所淘汰。

由于现在建设工程项目管理的建设环境和工程技术复杂程度越来越大，且工程项目建设方（业主）在对建设工程项目监理专业服务的高度重视及严格要求下，在服务满意度逐年下降的严峻形势下，工程监理服务企业必须通过科学管理，规范自身内部的经营管理方法和模式，建立起一个人员信息流、资产信息流、资金流和业务信息流的全面管理一体化的企业资源管理信息系统。

推进企业经营管理中的人、财、物、

技术、管理、信息等企业资源综合优化与有效整合，增强了企业整体经营战略管理创新能力、资源综合管理利用能力、项目管控管理能力、客户售后服务管理能力和有效引导企业决策能力，提供了更多的专业优质服务，适应业主和服务市场的发展需求，进而提高了企业的社会经济效益。

根据当前我国的政策导向和国内建设市场行情，工程监理行业若要跟上国家先进水平，不被市场竞争所淘汰，唯有提升企业自身的核心竞争力。对于建设工程项目管理企业核心的价值运营业务，把培养和提高项目管理技术和能力作为其战略目标，而对于企业进行信息化建设则是企业达成战略目标、创造市场竞争优势的主要手段。

工程监理企业的信息化建设是指创建、发展一种以计算机技术为主导的现代智能化工具作为其代表的创造性生产能力。而这种智能化的生产工具并非是一件孤立、分散的事物，它是一种具有巨大规模的信息网络系统。监理信息化建设的整个过程也就是一个利用机器的手段来收集和管理信息，再把这些信息和机器联结在一起的整个过程，信息化建设的关键在于如何进行组织和管理信息。

二、工程监理企业信息化建设的价值

工程监理企业信息化建设使企业内部门之间的更多资源得以实时共享，让更多的企业员工了解到企业的实际经营状况，并积极地参与到企业各部门的管理中，加快了各部门及其对于监理项目环境的响应速度，最终所要体现的就是

工程监理企业快捷的应变能力和重视程度的大幅改善。

工程监理企业信息化建设是一个不断深入和推进的过程，同时也是企业管理系统、流程不断完善的阶段，会对现有数据规范化和标准化更加严格。

工程监理企业的信息化系统自从构建以后，信息的录入、统计、分析、查询、保存、传递等各个环节都得到了很好的改善，这些都可以极大地改善企业的工作流程，从而提高效率与品质，为管理者做出决策提供了有效的支持，也为企业节省了诸多成本。通过数据分析对事物所发生的整个过程进行详细记录和分析，让我们能够对建设工程中的一些事物本质有更加清晰的了解和认识，同时也会发现很多平时手工管理中不能发现的问题，为企业管理团队提供有效决策依据，加强了企业流程的优化，从而提高企业的执行力。

三、工程监理企业信息化建设方案

（一）工程监理企业信息化建设构架

监理企业信息化建设的目标是：建设覆盖监理企业所有项目的监理机构，结构合理、安全可靠地满足服务需求的信息网络基础设施；推进市场经营、人力资源管理、工程项目监理管理、客户服务的数字化、网络化、集成化，建立支撑企业内部核心价值链运作的信息链，形成信息门类齐全、质量较高、服务配套的信息服务体系；健全企业的信息安全保障体系和信息建设标准体系；建立信息共享、快速有效的信息管控体系。实现信息处理数字化、信息传递网络化、经营管理流程化、业务控制实时化。

监理企业信息化建设总体构架体系是：建设强健的网络基础平台、兼容完备的应用系统支撑平台、统一的企业信息集成平台、适应业务发展的应用系统、个性化的企业门户网站平台。实施一个中心两个保障体系：一个数据处理中心，信息安全保障体系和信息标准保障体系。

以信息技术为核心开发的网络基础平台，依托于统一的网络信息安全、信息标准两个保障体系，通过网络应用管理系统提供业务服务支持（表1）。在纵向方面，企业信息集成平台实现数据分析处理交换，并统一存储在数据中心；在横向方面，系统支撑平台提供一体化的软硬件运行环境和服务，通过数据中心统一提供数据支持，通过企业信息集成平台实现集成，通过企业信息门户网站平台实现统一展现。

（二）工程监理企业信息化建设应用系统

工程监理企业信息化建设应用系统建设要求保证数据唯一，避免重复录入，减少重复劳动。

按照工程监理企业的业务分析，应用数据主要有项目类数据、人员类数据、资产类数据三大类。

1）项目类数据包括：项目市场前期接洽信息、项目招标投标信息、项目合同信息、项目监理工作过程信息等。将项目从前期到结束的各类信息，贯通项目类数据在市场开发、项目策划、工程监理、项目管理服务和项目评估的全过程，实现项目类数据全过程跟踪管理，保证项目类数据的唯一性、完整性。

2）人员类数据包括：人事、资质、考核、考勤等信息。将人员类数据根据人员专业特点进行编号，将相关人员的各类信息有序组织起来，在市场开发部、

工程监理企业门户网站企业经营目标 表1

信息安全保障体系	项目管理平台 ⊙项目综合管理 ⊙项目"三控三管一协调" ⊙环境管理 ⊙监理日常管理	人力资源管理平台 ⊙人事档案管理 ⊙劳资管理 ⊙人员培训管理 ⊙人员调配、资质管理 ⊙人员薪酬福利、绩效考核	市场经营平台 ⊙企业资信管理 ⊙营销管理 ⊙投标管理 ⊙合同管理 ⊙客户关系管理 ⊙客户需求、意见咨询	标准管理平台 ⊙标准规范管理 ⊙技术资料管理 ⊙管理资料管理 ⊙模板、范本管理	综合办公平台 ⊙收文、发文 ⊙视频会议、现场会议 ⊙工作部署、工作流程 ⊙电子签章	资产管理平台 ⊙固定资产管理和统一调配 ⊙车辆管理 ⊙采购管理 ⊙安全防护用具管理	财务管理平台 ⊙预结算管理 ⊙财务会计 ⊙资金管理 ⊙项目成本核算	客户服务平台 ⊙项目回访 ⊙客户意见反馈	信息标准保障体系
	数据中心、网络中心、服务中心								
	数据库服务		信息服务		认证服务		主机服务		
	储存服务		应用服务		授权服务		移动服务		
	数据与应用				信息网络基础设施				
	个性化的企业门户平台		业务发展的应用系统		企业信息集成平台		系统支撑平台	网络平台	
	电脑接入、移动设备接入								

行政管理部、质量安全部、工程项目部、财务部等各部门进行共享,实现对人员类数据进行全方位管理,保证数据的唯一性、完整性。

3)资产类数据包括:企业资产登记、资产库存、资产领用、资产维护、资产管理使用等。将企业资产的各种相关信息以资产名称编号,实现对企业资产的合理采购、库存、领用、调动的整个企业资产管理生命周期信息进行各种数据采集管理,保障了资产数据的唯一性、完整性。

工程监理企业作为工程咨询服务行业,企业经营管理应按照项目管理方式进行。其信息化建设应用系统包括:工程项目管理、人力资源管理、市场经营、企业标准管理、综合办公。

1. 工程项目管理应用构架

采用"计划为主线,合同为中心"的管理思想,建立企业级的具有工程项目集成管理功能的工程项目管理系统软件,提高企业对外派项目监理机构的工程项目监理服务工作的整体管理水平和监控能力。

通过对全过程项目监理服务进行标准化的管理、控制和分析,规范和优化项目监理业务流程。

2. 人力资源管理应用构架

人力资源是工程监理企业最重要的资源,人力资源管理是工程监理企业信息化重要的应用系统。人力资源管理建设目标是实现将人力资源管理的日常工作流程化,提高人力资源信息的共享程度,使得人力资源信息的提取与统计更方便快捷,为人力资源和岗位设置的分析评估提供基础数据。人力资源管理与项目监理管理、财务管理等模块密切配合,全方位地进行人力资源管理绩效评估。

以员工综合能力素质模型为基础,重新构建企业与员工的工作关系,全面推动企业战略目标与员工个人职业目标的实现,为企业提供全方位人力资源解决方案。

在对各项人力资源管理业务的功能实现上,划分为以下四个方面,即基础管理、战略管理、智能分析、协同管理。

1)基础管理

主要实现人力资源业务的以记录收集、整理为基本的业务过程。如员工人事档案信息、员工内外流动、员工培训

记录、绩效考核和评价记录、员工职业变更记录等基础性人事数据,以及主要的招聘、培训、员工入职、调动等各项事务处理过程。

2)战略管理

重点在于对人力资源业务从战略高度进行相关的数据调查、业务规划,实现较高层次的业务评估、业务环境分析、业务数据运用等。如人力资源招聘需求预测、员工综合素质模型的评估、岗位价值的评估、员工培训需求的分析、员工专业技能和管理要求的分析、组织战略目标分解、绩效考核成绩的历史分析等。

3)智能分析

加强人力资源业务数据的整体综合分析、预警及监控机制,向各部门经理提供有关决策支持的报告。如对员工的入职环境条件进行检查、员工与岗位匹配相应适宜度的分析、劳动合同期限到达报警、员工事件报警、员工内部流动性变化趋势的分析、员工离职的原因分析、员工离职预警等。

4)协同管理

基于协同工作平台和人力资源知识

库，实现人力资源基础数据共享、业务协同处理等功能。通过协同工作平台，各级操作人员可以建立自己的人力资源管理工作台。根据相关权限查询相关的业务数据，进行业务申请、审批等人力资源事务处理。

3. 市场经营应用构架

通过对市场中的项目进行计划、前期交流接洽、投标、合同直至项目结束的市场开发、投标分析、合同跟踪、客户反馈的全过程管理，为管理决策层提供及时准确的市场、客户、合同方面的信息，实现项目投标和合同签订的科学决策和准确行动。

在市场项目推进阶段，收集项目和客户信息，提炼历史的项目过程数据，为投标书编制提供基础信息；筛选历史项目监理方案策划和工作安排信息，为项目监理工作的总监及相应人员安排和质量安全体系等一系列监理工作策划提供可行性方案。

市场经营管理系统是改善企业与客户之间关系的新型互动管理平台，是企业提高核心竞争力，达到竞争制胜快速成长的目的，并在此基础上开展的包括判断、选择、争取、发展和保持客户所需实施的全部商业过程。

市场经营管理实施于企业的市场经营、客户服务等与客户发生关联的领域，主要包括市场营销管理、投标与合同管理、客户服务管理、客户忠诚度管理、经理查询。

4. 企业标准管理应用构架

企业标准管理包括企业质量体系的建立和维护并监督执行情况，管理企业技术档案和图书资料等工作。

企业标准管理信息化是将技术和安全管理的各项工作纳入计算机软件应用中；建立技术和安全通报、技术文件网上发布系统，为项目监理现场提供及时的技术信息支持；通过软件技术实现标准文件、标准表式的有效版本管理，消除纸质文档发放和回收的管理难度；建立图书和技术档案的信息化手段管理；评审、维护和管理公司知识库，不断提高公司知识管理的内容和水平。

5. 综合办公应用构架

综合办公系统通过建立集公文管理、会议管理、档案管理、车辆使用等功能于一体的协同办公环境，实现如下管理目标：

1）提高办公的工作效率，减少人工办公的烦琐步骤，避免人力资源和时间的浪费。

2）降低办公成本，支持无纸化办公，实现远程办公，解决办公人员出差在外、办公流程只好暂停的问题。

3）规范工作流程，明确工作职责，实现无缝的办公事务协同配合。

结语

人的思维决定行为方式，信息化思维是推动信息化建设工作的重要一环，勇于接受信息化思维给传统意识形态带来的冲击，一个新的系统就是一种新的工作方式，新的方式必定会对传统习惯带来冲击。具备了信息化思维，能够更好地引导和推进企业信息化业务管理的变革，能够主动地接受企业信息化发展中出现的新生事物与新的要求，能够善于有效地运用企业信息化技术，以提高企业的服务质量和效率。

工程监理企业信息化建设是一种手段和工具，而非目的，工程监理信息化建设应当以企业业务需求为导引，并非只是单纯的选择软件和购置硬件，必须进行更加深入的管理和改革，从思想观念上明确信息化的基础是企业的管理和运行模式，而不是信息技术本身，信息技术仅仅是信息化的实现手段。

工程监理企业信息化建设的本质是企业管理制度的深层次变革和管理模式的再造。工程监理企业信息化建设的过程，并不是一味地将以往的管理模式、管理架构和管理流程全部打破重新再来。适用的，需要继续保留下来；有一定问题的，需要进行调整；已经过时的，必须摒弃。只有采取有针对性的管理方式，才能实现管理体系的优化，让企业在管理运作上更有效率，对企业的管理流程、组织框架、管理模式等进行调整，要理清建设信息化应用系统中可能存在的各种管理的障碍和干扰，才能保证所建设的信息系统中的应用得以实施应用。

参考文献

[1] 蹇广珍 . 监理企业的信息化建设初探 [J]. 建材与装饰，2016（14）.

[2] 张孝庆 . 监理企业的信息化建设 [J]. 科学与财富，2018（17）.

工程建设监理企业信息化管理系统设计探究

杨 锐 李 军

山西太行建设工程监理有限公司

摘 要：随着科技的不断发展，社会竞争越来越激烈，我国工程监理企业自身想要持续发展，就要不断创新，依据信息化的提升来增强企业的管理水平和企业核心竞争力。在国家领域管理不断规范、监理市场综合性能不断提升的前提下，将健全的综合管理信息系统应用到监理企业当中，使监理企业内部管理优越化、制度规范化、程序稳定化。本文详细地介绍了系统建设的目标、系统的结构、主要功能和关键技术以及系统采用工作流的管理模式。事实证明，信息化管理的投入，在提高工作效率中起到非常关键性的作用。

关键词：工程建设；信息化管理；监理

在我国工程建设领域开始实施工程监理制度，时日已久。工程监理制度在工程建设中发挥着重要的作用，取得了显著成效，这也使广大人民开始重视工程监理制度的应用。住房和城乡建设部发布了关于培育发展工程项目管理企业的一系列相关制度后，各监理企业在实施传统监理业务的同时，向项目管理企业慢慢延伸，随之，也在服务领域不断开拓。目前，我国监管企业正从以前的陈旧制度向全新的项目管理业务发展的初始阶段转变。尤其是在这个信息比较发达的时代，网络、计算机已经遍布全国，这就给监理企业管理打下了良好的基础。随着建设工程项目的壮大，信息的传递、传递速度的提升也必不可少，因此，我们要高度重视信息化管理系统的建设，有效、合理地运用到工程建设领域当中。在工程的监理过程中是否将先进的信息化管理系统运用到工程实施中已经成为企业管理水平是否强大的判断依据之一，因此，把信息化管理系统合理运用到工程建设中其起到的作用及意义非常重大。

一、监理企业项目管理系统建设的意义

监理企业的信息化管理体系不仅能使企业管理机制得到改善，并且运用先进的信息化系统能够代替传统方式项目的处理，从而使工程建设效率大大提升。在满足企业现有业务运作的需求条件下，通过网络技术、计算机技术、数据库等科技手段对监理人员工作中的监理信息进行收集、加工、处理、存储并作出相应的辅助策略，这样就能及时、准确地反映工程项目的建设质量、工期预测、投资效益等情况，使公司的管理层能获取相应的工程监理信息，从而对工程项目进行有效的分析，并制定出相应的方案及实施措施。

（一）实现加快信息交流的速度

监理企业利用信息化管理系统的平台，使企业信息交流速度提升。各个部门的员工可以通过信息化管理系统将工作须知、公告、文件收发、项目文档快速有效地传递到相应部门的员工手中，这样员工就能快速及时地查看相关信息，从而提高整体的工作效率。

（二）实现工程项目的有效监理管控

监理企业利用信息化管理系统的平台，实施对工程项目的有效管控，提升

工程项目的监理管理工作。各工程项目监理将每天收集到的各种工程监理活动信息通过计算机体现到信息系统平台上，监理公司就可以及时获取各个工程项目实施过程中的所有信息，并对工程项目的监理环节及时地分析和检查，来提升监理企业对工程项目监理工作的有效管理。这样既能满足监理领导对监理的工作项目进行管控，又方便监理项目与监理企业之间信息的传递。

（三）实现监理人员考勤管理监理

企业使用信息管理系统的平台，实施监理人员的考勤管理，规范工程项目监理人员管理。各企业工程监理人员将每天的工作内容通过网络的形式汇总到信息管理系统平台上，监理公司的各级领导对其下属提交的工作内容及文档进行分析审核及指导。这样既方便了员工的工作记录和备案，又能使监理企业领导及时有效地监理下级工作。

二、监理企业项目管理系统的功能构成

我们开发了管理系统模块功能，包括公共信息、系统管控、项目管理、日志管理、个人事务等，它是受到国家版权局认定的项目管理系统。功能相对全面，基本包含了监理业务工作的所有内容，严格遵循"三控二管一协调"的监理工作方式，能够及时、全面地监理人员的工作情况和工作效率，满足多人同时对多个工程项目的监理工作管理的需求。主要模块功能如下：

（一）系统管理模块之间的关联

系统管理模块包括用户管理、权限管理和角色管理。其中，权限管理是将程序的各项目录、按钮操作定为权限。角色管理为权限的总和，角色分配给用户。不同的角色可以拥有不同的权限，不同的用户又可以担任多个不同的角色，通过这种方式，使进入系统的用户具有各自的权限。

（二）公共信息模块的运用

公共信息模块包括通知公告、站内公共资料、制度规范等。公共信息把所有的制度、政策、活动集中发布到信息管理系统平台，使用户能够清晰地掌握企业重要动态，也可在此之上进行信息互动，从而将企业信息快速地传达给每个人。只要登录信息平台，系统就会提醒新消息，这样就能快速地实现信息传递。

（三）日志管理模块内容体现

日志管理模块包括日志录入、日志审核、日志查询汇总等。工作日志是如实全面反映每天监理工作内容的最佳体现。工作日志还可以使公司管理层全面地掌握员工的工作状态和工作情况。通过对工作日志的总结分析，公司可以及时了解工程项目监理工作的进展和工程项目的投入情况。

（四）项目管理模块的内容

项目管理模块包括项目监理档案、项目合同、业主承包资料、项目月报等。项目管理模块可以针对项目的进程控制、投资控制、安全管理、合同管理、信息管理、资粮管控等有关程序和内容进行有效监理。及时上传监理过程中的相关资料，使企业管理能有效实时地对工程的进展情况及合同实施情况进行控制。另外，在企业工程技术规范、标准、法律法规和监理企业工程监理技术作业文件资源、信息的有效积累方面，为形成企业知识库打下基础，大大提高了企业监理的管理水平。

三、需求分析

（一）公司管理需求

本系统包含监理公司的具体管理工作，包括企业用户、办公管理、员工管理、信息查询、公司财务、项目管理和投标管理等需求。

1. 在系统首页建立内部网站，栏目设置成公司的动态、员工的动态、通知信息和员工论坛等。

2. 办公管理的子系统包含档案处理、证书制定和车辆管理等功能模块。

3. 员工管理的子系统包含员工签署的协议、员工人数登记、员工工作天数、培训管理和考试管理等功能模块。

4. 信息查询的子系统包括办公文件查询、程序制定查询、竞选投标查询和项目合同查询等功能模块。

5. 公司财务的子系统包含总账目和明细账目等功能模块。

6. 项目管理的子系统包含项目台账和设备台账等功能模块。

7. 投标管理的子系统包含标书模板、资格审查资料和个人资质业绩等功能模块。

（二）角色及权限

本系统角色按权限的不同可以分为管理员和操作员。管理员负责对系统进行研发、完善和维护管理。在公司使用的过程中，管理员可以根据企业的需求研发或创建子系统的功能模块，也可以对已生成的子系统和功能模块进行调整，总之使企业内部系统不断优化，从而满足公司信息化管理的迅速发展。在后台负责管理资料的录入、修改、删除等一切工作的，都要维护系统管理使其能正常运作。依据公司人员的工作和任务、公司各部门职能及现场监理项目，系统

的子系统和功能模块都设置了不同的权限，员工进入系统后进行资料查询、网上工作、办理业务、个人信息查询、综合信息查询等都要保证其信息不泄露。

四、监理企业信息化管理系统的功能设计

（一）功能模块

1. 办公管理模块

办公管理模块负责信息的管理、人力资源管理、固定资产管理、合同管理等。以通知告知的方式，将企业文件、企业公告及时传递给员工。员工登录系统后，系统就会第一时间通知员工及时接收文件。而网上审批的功能，即使领导不在公司内部，也能很好有效地对文件进行审批，因此就不会在工作中受到时间和空间的限制。

2. 工程监理模块

工程监理模块明确建立了程序和内容，包括质量方面的把控、进度方面的实施、成本的控制、信息的采集和整理、合同的签署等要素。对监理工作的信息资料，能自动进行处理和保存，定期生成监理的清晰数据，为今后监理工作提供了可靠的参考数据。

3. 工程管理模块

工程管理模块清晰地提出了项目管理的程序和内容，包括项目竞选管理、工程施工管理、人员技能管理等，定期把生产进度、资料技能提升的数据传输到数据库，在此基础之上创建出更好的工程管理体制，为工程建设打下良好基础。

4. 资源管理模块

资源管理模块用来建立完善的信息资料数据库，主要包括：①材料、设备的市场价格，对供应商的信息进行整

理；②技术的规范行为汇总；③汇集与工程监理相关的法律法规，让员工在工作中快速知悉。

（二）关键技术

1. 工作流

工作流运用到实际工作中，实现了业务数据和处理流程的一体化，有效地提高了对业务信息共享、互换、监管、文件传输审批的智能化形成与管理。具体包括工作流引入、管理机制体系、监控设备、流程编辑工具、任务的执行等内容。

2. 浏览器

由于监管人员的工作地点不一，因此系统的应用就要利用浏览器打破时间和空间的限制，方便监管人员工作的顺利进行。

3. 开拓展平台

系统利用可开拓平台具备良好的开放性和拓展性，既能满足企业的管理需求，又能开发企业以外的和企业相关的信息技术。

（三）"监理通"在监理企业信息化管理中的应用

1. 功能结构

"监理通"的决策能够有效地运行整个系统，功能作用是用户管理、经营分析、风险把控，具体包括5个子系统：①市场运营；②业务管控；③财务管控；④人力搭配；⑤行政管理。

2. 应用价值

"监理通"的应用平台如下：①互相沟通。如手机设备、电子邮件、系统消息相结合提高企业内部信息的传递效率，使信息交流及时准确无误。②信息发布。发布企业相关信息、重要通知通告，形成企业有序的流程。③数据采取。对经营数据、业务数据、费用数据进行编排、

合成、共享，明显提高了企业的管理效率。④协助共同审核。业务审核、行政审核实现电子化监管，对各部门的协作有着重要的作用。⑤项目管控。采取全生命周期的管理模式，实时掌握项目运行情况，精细企业的管理。⑥知识共享。对企业相关资料、项目相关内容进行统一管理，提高内部资料知识的使用价值。⑦资源管理。办公用品、车辆、基础设施会议室等使资源得到充分的利用。⑧人力资源。科学管理员工、定期给员工进行专业知识的培训。⑨移动办公。利用智能的先进设备进行办公，突破时间、地点的限制，从而提高工作效率。⑩系统集成。提供内外接口和企业上游、下游资源的链接，提高信息化的水平。

五、监理企业信息化管理系统建设策略

（一）企业对建立信息化管理系统应准确定位

监理企业对建立信息化管理系统应设定好其位置，为能更好地服务于工程企业的实施当中，就要确定企业信息化管理系统建设的基本需求、发展模式和应用。

（二）企业领导应充分认识到信息化管理系统的重要性

企业领导在工作中应合理应用信息化管理，坚持使信息化管理应用到企业建设当中，使企业的管理水平更上一层，那么系统也会被迅速地应用起来。反之，如果企业领导未起到带头作用，其信息化管理系统推广就很困难。总之，信息化管理系统的应用可以有效地提高企业的管理效率，办公系统也会通过使用信息管理系统实现网上审批，高效快速

地完成整个企业的审批。另外，企业管理层人员还可以通过信息化管理系统实现对不同项目的实时管控，以及掌握项目的进展情况。

（三）编制信息管理手册和工作管理流程

要想使企业信息化管理系统得以正常运行，就要建立健全的信息管理化制度。建立制度是为了更好地服务于企业管理工作，使其更规范。规范其信息编码体系，规范其收集、录入、审核、加工、传送和发布信息等一系列流程，促进管理工作的规范化、合理化、科学化和程序化。

（四）设置专职的系统管理员

在企业中设置专职的系统管理部门，时刻关注企业信息化系统的发展与运用。因为信息化管理系统是建立在互联网之上的，所以系统管理员需要对网络专业知识熟练掌握，对系统的建立、软硬件设备维护能熟练操作。信息系统的初建十分关键，首先要保证设备的正确安装；其次，对企业的员工根据其不同的工作性质设定不同的权限，根据企业的相关规章制度，建立各种审批流程等。定期检测系统的安全性能和运行的有效性，对企业相关工作人员进行定期的业务培训。系统管理员还要依据系统的运行和企业的业务发展，建立相关的应用系统。

结语

在我国经济突飞猛进的情况下，监理企业在企业建设中选择采用信息化管理，实现了信息高效快速传递，提高了工作的整体效率。文中以"监理通"为例，介绍了系统的功能结构和应用价值，希望能对监理企业有一定借鉴。

参考文献

[1] 李军. 工程建设监理企业信息化管理系统设计与应用 [J]. 居业，2018 (7)：89，91.

[2] 赖跃强，杨君，徐蕾，等. 工程建设监理企业信息化管理系统设计与应用 [J]. 长江科学院院报，2016，33 (6)：140-144.

[3] 万燕. 企业信息化人力资源管理系统的设计与实施 [J]. 市场观察，2015 (S1)：239-240.

[4] 胡国祥，付军. 企业信息化管理系统设计 [J]. 科技创新导报，2014，11 (6)：183.

[5] 张荔. 企业信息化内容管理系统的设计与实现 [D]. 成都：电子科技大学，2013.

[6] 张微. 企业信息化人力资源管理系统的设计与实施 [D]. 兰州：兰州理工大学，2009.

[7] 郭运宏，乔菊英. 通信设计企业信息化管理系统的分析与设计 [J]. 郑州铁路职业技术学院学报，2008 (2)：28-29，35.

全过程工程咨询项目管理能力成熟度模型应用研究

欧镜锋

广东诚誉工程咨询监理有限公司

摘　要：本文在分析我国全过程工程咨询项目发展现状的基础上，对全过程咨询项目管理能力的成熟度模型理论进行阐述，并搭建全过程咨询项目管理能力的成熟度模型，综合分析了项目启动、计划、执行、控制、收尾等阶段模型构成要素，形成电力工程全过程咨询项目管理能力的成熟度评价体系，明确了指标权重算法和评价等级划分方式。并基于问卷调查和数据统计分析，开展实证分析，检验了模型的有效性和可操作性，提出了全过程工程咨询项目管理能力提升策略。

关键词：电力工程；全过程工程咨询；项目管理能力；成熟度模型

引言

近几年，为推动工程建设体制改革和监理行业转型升级创新发展，国家发布了多项指导性政策。《国务院办公厅关于促进建筑业持续健康发展的意见》（国办发〔2017〕19号）、《住房和城乡建设部关于促进工程监理行业转型升级创新发展的意见》（建市〔2017〕145号）、《关于推进全过程工程咨询服务发展的指导意见》（发改投资规〔2019〕515号）等文件明确提出"培育全过程工程咨询""培育一批具有国际水平的全过程工程咨询企业"。自2017年，北京、上海、广东、江苏等共8省（市），开展了全过程咨询项目试点工作，积极地探索全过程咨询项目的组织形式和相应的管理制度。各个试点项目均研究出试点工作期间的工作方案、招标文本（试行）、合同文本（试行）、服务清单、服务指引和服务导则等。截至2020年底，全国共有超过1000个项目采用全过程咨询的建设模式。但在试点项目实施中，遇到不少的困难和问题，项目管理能力水平的高低显得攸关重要。如何评价实施单位的项目管理能力，为建设方筛选全过程咨询单位提供评价依据，成为全过程咨询发展过程中亟待解决的重要问题。

进入"十四五"的开局之年，在国家政策要求背景下，电力工程监理单位如何顺应新发展格局，提升全过程咨询项目管理能力，并向全过程咨询企业升级转型，已成为电力监理行业以高质量发展为"十四五"规划建设开局起步的一个重要研究方向。

一、全过程工程咨询项目管理能力与成熟度模型

（一）全过程工程咨询项目

全过程工程咨询项目指采取全过程咨询模式的工程建设项目。全过程咨询项目服务是指对工程项目建设过程的全生命周期，提供管理、统筹、组织、技术和协调等全方位的咨询服务，包含工

程建设项目的管理以及投资咨询、造价咨询、招标代理服务、勘察设计服务、监理服务、运行维护等各阶段的咨询服务；亦是一种创新咨询方式，大力推动了发展以市场需求为导向、满足建设单位多样化服务需求的新模式；也可以采用多种不同的组织形式，由建设单位委托一家公司牵头或者负责组建全过程咨询团队，并由全过程工程咨询项目经理（全过程工程总咨询师、管理师）作为全过程咨询团队的总咨询师或总负责人，为工程建设决策乃至项目生产运营不断提咨询意见或解决方案，以及工程项目各阶段的管理咨询服务。

（二）项目管理能力

指在项目建设过程中运用专门的工具方法、专业知识和专业技能，使工程项目能在有限资源限制下，达到特定的期望或者需求所反映的能力。在全过程工程咨询服务模式中，要求项目管理组织机构从工程项目的可研立项到运行维护的全过程，进行统筹计划、组织协调、统一指挥、控制与评价，以达到工程项目的建设目标。要求项目管理人员具备能够运用项目管理知识，对承接的项目进行策划、设定目标、组织推动实施并达成的能力。

（三）成熟度模型

成熟度模型最早来自美国卡内基梅隆大学软件工程研究所（SEI）在1991年提出的软件能力成熟度模型（CMM），提供了一种能够持续提高某种能力或期望达到某种目的的一个过程的框架。这个框架中定义了若干成熟度等级，这些等级是层层递进的关系，每一个等级代表某一种能力或者是期望，处于一个级别的项目团队或企业，随着时间的持续，可以通过不断的发展、进步，达到一定

的目标和具备一定的能力，上升为下一个高的等级。美国项目管理协会对项目管理的成熟度模型解释为"通过评估管理单个项目和组合项目的能力来评价组织的一种方法"。所以成熟度模型就可以为一个项目团队或者企业提供一个测量、比较、改进能力的方法和工具。

通常项目管理成熟度模型有两个基本功能：一是评价组织的项目管理能力；二是通过成熟度评价模型帮助组织认识自身水平，并据此制定相应改进措施，持续发展。因此，本文引入项目管理成熟度模型旨在对全过程咨询项目进行评价，通过它认识到自身水平，测评出项目管理在发展中的不足，继而制定改进措施，不断进步，以便满足全过程咨询企业在激烈的市场竞争中立足的需求。

二、构建基于成熟度模型的全过程工程咨询项目管理能力评价体系

（一）成熟度模型构建

根据全过程工程咨询项目的发展现状，将全过程工程咨询项目的成熟度划分为5个等级：初始级（成熟度等级1）、发展级（成熟度等级2）、成型级（成熟度等级3）、基本成熟级（成熟度等级4）与成熟级（成熟度等级5）。

1. 处于初始级的全过程工程咨询项目具有的特征是：处于试点阶段，正处于探索和发展的初期，项目管理制度也不健全，只有少量项目采用全过程工程咨询建设模式进行试点。

2. 处于发展级的全过程工程咨询项目具有的特征是：全过程工程咨询建设模式实行了一段时间，并通过一定的摸

索，更多的工程选择了全过程咨询建设模式，培育了一批具有一定项目管理能力的咨询团队，得到业主的初步认可。咨询企业的各种项目管理制度也在不断的改进完善当中。

3. 处于成型级的全过程工程咨询项目具有的特征是：全过程工程咨询团队的项目管理能力相对较强，能够顺利完成具有一定难度的建设项目。企业的各种项目管理制度也趋于完善。采用全过程工程咨询建设模式的建设项目有了一定的规模，已经在一定的行业或区域内有了一定的影响力。

4. 处于基本成熟级的全过程工程咨询项目具有的特征是：全过程工程咨询团队能够高质量地完成各种级别的建设项目。在各区域或各行业涌现出一批处于龙头地位的全过程工程咨询企业，并在全国范围内具有一定的影响力。

5. 处于成熟级的全过程工程咨询项目具有的特征是：全过程工程咨询建设模式在全国范围内形成成熟规模，全过程工程咨询团队有能力完成各种级别、各种难度的建设工程项目。相关法律法规和建设标准齐全，项目管理制度完善，建设单位普遍愿意选择全过程咨询服务的建设模式。

（二）项目管理能力评价体系指标权重算法

1. 运用专家问卷调查法，从分阶段、多方面、多层次进行综合评价，采取层次分析法确定评价指标权重。先构造判断矩阵以 O 表示判断的目标，S_i 表示评价因素，U 表示评价因素集。则 $S_i \in U$（$i=1, 2, \cdots, n$），S_{ij} 表示 S_i 对 S_j 的相对重要性数值（判断尺度）（$i=1, 2, \cdots, n$），则评价判断分值 S_{ij} 的取值如表1所示。

构成了 n 个两两相比较的元素组成的判断矩阵，用 A 来表示：

$$A=\begin{pmatrix} S_{11} & S_{12} & \cdots & S_{1n} \\ S_{21} & S_{22} & \cdots & S_{2n} \\ \cdots & \cdots & & \cdots \\ S_{n1} & S_{n2} & \cdots & S_{nn} \end{pmatrix} \quad （式3-1）$$

满足：

$$\begin{aligned} & O<S_{ij} \\ & S_{ij} \times S_{ji}=1 \end{aligned} \quad （式3-2）$$

并且当 $i=j$ 时，$S_{ij}=1$

使用方根法求权重。

1）求判断矩阵

A 的每一行元素积：

$$M_i=\prod_{j=1}^{n} S_{ij}, i=1,2,3,\cdots,n （式3-3）$$

2）求 M_i 的 n 次方根

$$\overline{W}_i=\sqrt[n]{M_i}=1,2,3,\cdots,n \quad （式3-4）$$

3）对 W_i 进行标准化（归一化）

$$W_i=\frac{\overline{W}_i}{\sum_{i=1}^{n}\overline{W}_i}, i=1,2,3,\cdots,n （式3-5）$$

由此得到的 W_i 就为所求的第 i 个指标的权重。

2.计算权重的综合排序向量。为了满足打分的科学性，并且每一位专家对同一事物的理解也有差异，所以判断矩阵的标准就不同。为了评价结果更具有合理性，我们对各位专家的判断矩阵得出的权重向量做综合处理，主要采用几何平均综合排序向量法。在这里，我们假定专家对上述指标的评价能力是一样的。

其方法如下：

1）对某一层级求每一位专家对某一个指标的权重。

2）计算所有专家对某一个指标赋予权重值的几何平均值 W'_j，其中 j 为第 j 个指标，x 为第 x 个专家。

$$W'_j=\sqrt[x]{W_{j1} \times W_{j2} \times \cdots \times W_{jx}} \quad （式3-6）$$

3）对某一个目标层 j 的几何平均值 W'_j，选择归一化处理后，等于权重值 W_j。

$$W_j=\frac{W'_j}{\sum_{j=1}^{n}W'_j}, j=1,2,3,\cdots,n （式3-7）$$

4）得到由 W_j 组成权重的综合排序向量。

根据以上算法，通过抽取 10 位向已从事监理咨询企业管理工作或研究多年的专家进行意见征询并打分，依据层次分析法对打分进行统计分析，利用上述权重的综合排序向量计算出各指标的权重，如表 2 所示。

（三）评价等级评定及划分

根据专家的评定意见，构建全过程工程咨询项目管理能力成熟度模型评价集。

评价集综合考虑了专家组对各个指标的评定意见，将对各个指标的相关评定意见进行整合，分成 5 个等级来评定全过程工程咨询项目管理能力的水平。

$V=\{$ 初始级，发展级，成型级，基本成熟级，成熟级 $\}=\{V_1, V_2, V_3, V_4, V_5\}$

根据以上赋值，可将全过程工程咨询项目管理能力成熟度模型各评价等级对应的得分区间划分，如表 3 所示。

三、模型应用实证分析

根据全过程工程咨询项目管理能力成熟度模型和上述评价方式，组织 5 名专家对 A、B、C 三个全过程工程咨询项目进行项目管理能力评价，结果如表 4 所示。

通过组织行业专家开展模型应用实证分析，证明了全过程咨询项目管理能力成熟度模型能够对全过程咨询项目管理能力作出有效评估，具备可操作性。同时也反映出我国的全过程咨询水平还只是处在起步阶段，采用全过程工程咨询的建设项目不多，团队项目管理能力还不够强，尚需各咨询企业加大投入，培养一大批具备项目管理能力的团队，特别是要促进监理单位向全过程咨询方向升级和转型。

四、全过程工程咨询项目管理能力提升策略

根据以上实证分析结果，为在新发展阶段进一步提升全过程工程咨询项目管理能力，推动监理单位向全过程咨询的转型升级，参照全过程咨询服务项目管理能力的成熟度模型，提出以下建议：

1.项目管理制度上进行创新，从而提升工程项目的管理效率。现时的项目管理存在较多管理方面的问题，如项目管理部门事务错综复杂、考核办法也不够完整等，这些问题必定制约着全过程工程咨询未来发展目标的实现，所以项

相对重要性的标度划分表   表1

标度	含义	说明
1	同样重要	表示因素 S_i 与 S_j 比较，具有同等重要性
3	稍微重要	表示因素 S_i 与 S_j 比较，S_i 比 S_j 稍微重要
5	明显重要	表示因素 S_i 与 S_j 比较，S_i 比 S_j 明显重要
7	重要得多	表示因素 S_i 与 S_j 比较，S_i 比 S_j 重要得多
9	极端重要	表示因素 S_i 与 S_j 比较，S_i 比 S_j 极端重要
2.4.6.8	中间重要	介于上述两相邻判断尺度的中间
倒数	对应相反	若 S_i 与 S_j 比较得 S_{ij}，则 S_j 与 S_i 比较得 $1/S_{ij}$

全过程工程咨询项目管理能力评价指标权重表　　　表2

一级指标	二级指标	权重	总权重
项目启动过程（0.095）	项目机会选择能力	0.517	0.049
	项目方案策划能力	0.271	0.026
	项目投标能力	0.212	0.020
项目计划过程（0.162）	项目管理团队组建能力	0.182	0.029
	项目进度计划能力	0.132	0.021
	项目费用计划能力	0.085	0.014
	项目质量计划能力	0.150	0.024
	项目风险计划能力	0.107	0.017
	项目安全计划能力	0.155	0.025
	项目范围规划能力	0.087	0.014
	项目资源计划能力	0.102	0.017
项目执行过程（0.263）	项目计划实施能力	0.285	0.075
	项目团队效率	0.155	0.041
	项目信息管理能力	0.133	0.035
	项目协调管理能力	0.214	0.056
	项目合同管理能力	0.213	0.056
项目控制过程（0.266）	项目进度控制能力	0.215	0.057
	项目费用控制能力	0.182	0.048
	项目质量控制能力	0.238	0.063
	项目风险控制能力	0.162	0.043
	项目变更控制能力	0.203	0.054
项目收尾过程（0.097）	项目按时完工率	0.201	0.019
	项目费用计划内实现率	0.192	0.019
	项目质量合格率	0.202	0.020
	项目后评价能力	0.112	0.011
	项目管理经验重复使用能力	0.143	0.014
	项目客户满意度	0.150	0.015
项目综合管理（0.117）	项目沟通管理能力	0.209	0.024
	项目归档管理能力	0.135	0.016
	项目冲突管理能力	0.133	0.016
	项目现场管理能力	0.208	0.024
	项目管理工具的使用效率	0.103	0.012
	多项目管理能力	0.115	0.013
	项目管理战略规划能力	0.097	0.011

评价等级对应的得分区间划分表　　　表3

评价等级	初始级	发展级	成型级	基本成熟级	成熟级
得分区间	[0，1）	[1，2）	[2，3）	[3，4）	[4，5]

监理全过程工程咨询项目管理能力评价结果　　　表4

全过程工程咨询项目	专家①	专家②	专家③	专家④	专家⑤	评价分	评价等级
A	0.78	0.82	0.97	0.71	0.85	0.83	初始级
B	1.21	1.38	1.55	1.48	1.34	1.39	发展级
C	0.59	0.67	0.72	0.65	0.61	0.65	初始级

目管理要本着效率至上的原则，在管理制度方面要不断地进行创新，推进适合市场的管理制度，加大管理力度，通过改革收入分配制度，真正体现按劳分配和按资分配的原则，调动项目管理人员的积极性，促进项目激励制度改革。为全过程咨询未来的发展提供强有力的保障，使全过程咨询团队真正地成为一个能够积极向上、不断进取的团队。

2. 优化组织结构，提升组织管理能力。全过程工程咨询未来的发展必须要有相应的组织机构来支撑和保证，因此，全过程工程咨询必须建立与未来发展相匹配的组织结构，要成立与全过程建设链条相匹配的规划、设计、造价、监理等专业部门，采用矩阵式项目管理结构，强化对各专业模块的技术支撑。

3. 加强人才储备，培养一批全过程咨询项目管理复合型人才。人才是项目管理技术的源泉和输出载体，人才数量和素质的高低决定了咨询水平的高度和全过程工程咨询项目业务类型的广度。特别是电力工程监理单位要在现有业务的基础上实现向全过程工程咨询业务领域的成功转型，就必须建设一支年龄结构合理、专业结构配套、层级结构科学、综合素质优良、具有一流水平的员工队伍。通过对外招聘、继续内部培养、建立合理人才共用制度等方式加大人才培养力度。同时要建立合理的绩效考评和薪酬体系，建立合理的人才培训体系，完善员工职业发展规划，形成科学有效的育人留人机制，促进全过程咨询项目管理人才能力的提升。

4. 分层发展，逐级提升。通过查找全过程工程咨询项目管理短板和发展瓶颈，分析原因，制定解决措施，从而夯实每一阶段基础管理能力，促进各阶段有机衔接，使项目管理能力成熟度由初始级到成熟级逐步提升。针对工程建设项目管理以及投资咨询、造价咨询、招标代理服务、勘察设计服务、监理服务、运行维护等各阶段的咨询服务，全过程工程咨询项目应围绕工程建设项目的管理这根主线，识别与分析项目管理与其他阶段之间的衔接关系，全面梳理各阶段的管理节点、管理内容和方式方法，通过管理制度建设和管理人员配置夯实每一阶段的基础能力。同时，应基于成熟度模型对项目管理能力实施动态分析，根据各成熟度的等级特征及时查找和纠正项目管理出现的问题，将预防措施融入管理制度建设，持续优化和促进各阶段有机衔接，从而实现成熟度等级的逐级提升。

5. 培育优秀项目管理文化，增强项目管理组织凝聚力。项目管理文化是指组织在发展过程中形成的共同价值观、理想目标、基本行为准则、制度管理规范、外在形式表现的总和，是组织持续发展的强大动力。因此，全过程咨询企业必须要培育和发展具有自身特色、先进的项目管理文化，从而增强企业核心竞争力，提高经济效益。电力工程监理咨询企业力争用 3~5 年的时间，初步建立起适应市场发展要求、符合企业发展战略、遵循企业文化发展规律、体现员工根本利益、反映企业特色的项目管理文化体系。通过项目管理文化建设，促进员工素质进一步提升、项目管理水平进一步提高、企业形象进一步改善，为做大做强全过程咨询提供强有力的文化支撑。

结语

上述理论和实证分析表明，发展和提高全过程工程咨询项目管理能力成熟度，已成为建设全过程工程咨询优秀项目的有效路径。只要坚持发展项目管理能力，持续改进、勇于创新，必能在新发展格局下建设一个技术领先、管理精细、员工稳定、竞争力强的全过程工程咨询企业，并促进监理单位以高质量发展实现向全过程工程咨询转型升级的目标。

参考文献

[1] 闵枝亮 . 建筑企业项目管理成熟度评价研究 [D].武汉 : 华中科技大学，2011.
[2] Kerzner H.Strategic Planning for a Project Office[J].Project Management Journal，2003，34（2）：13-25.
[3] 高永斌 . 基于成熟度模型的我国公路工程监理单位发展战略研究 [D]. 合肥 : 合肥工业大学，2012.
[4] 唐幼纯，范君晖 . 系统工程 : 方法与应用 [M].北京 : 清华大学出版社，2011.
[5] 买媛 . 基于成熟度模型的新疆监理单位转型升级评估与实例分析 [D]. 乌鲁木齐 : 新疆大学，2019.

浅谈电力工程监理档案信息化应用实践

区剑锋　邓超雄　高　磊

广东诚誉工程咨询监理有限公司

摘　要：电力工程监理档案的编制、收集及整理情况，是工程监理工作的成果体现。本文针对近几年公司监理档案归档进度滞后、工程审计发现存在监理档案缺失部分资料的现象，以及日常对多个项目部的项目资料进行检查发现的问题，提出了方案与建议，成功实现了电力工程监理档案信息化的应用实践。

关键词：电力；工程；监理；档案；信息化

引言

随着电力建设迅猛发展，建设工程质量水平稳步提升，促进了多种监理制度和监理手段的制定和落实，并进一步优化了各种管理措施，使得电力工程项目中的监理工作更趋完善。监理过程的实质是信息资料管理的过程，工程资料是工程管理工作的具体反映，资料检查也是有关工程建设管理部门开展工程检查的重要方式，各参建方也越来越重视资料管理工作。实现工程建设与监理文件资料的同步性与有效性，对促进项目有效管理控制起到重要作用。同时，监理档案是工程项目实践的总结，对监理部门具有重要的学习价值，对提升监理自身的工作水平具有重要意义。我们结合自身实践经验，就工程项目建设监理档案管理工作进行简要分析和讨论，并提出相应的建议和对策，希望给以后的研究者提供参考。

一、现状分析

（一）电力工程监理档案的特点

1.档案资料信息来源广泛。监理档案来源广泛，包括业主、设计、监理、施工等单位所产生形成的资料文档。按阶段划分可分为开工资料、过程资料和竣工资料三大部分。为保证监理有效履行义务职责，提高判断决策的及时性和准确性，因此档案资料收集必须符合完整性、准确性和及时性的要求。

2.档案资料信息内容繁多。构建电力工程监理档案信息库，须牵涉众多协作关系，既要符合国家法律法规、技术标准规范的要求，又要定期/不定期复核工程计划和实际施工进度的同步性，对比分析其中的疏漏。

3.档案资料信息动态性。构建电力工程监理档案信息库，是一个跟随工程进展实时变化的动态过程，监理人员需要动态控制监理档案信息的收集、加工、编制、整合、传递和反馈。

（二）电力工程监理档案管理的重要性

监理工作是电力工程施工过程中最重要的组成部分之一，在施工过程中，监理人员要对工程施工质量展开全程监督管理，以确保工程施工各分项目的工程质量和安全。针对工程项目建设过程中所存在的诸多问题，电力工程监理必须从总体出发，监督工程进展，严密监控各种问题及隐患，对施工全过程施行动态管理，以保障工程项目合规合法安全无事故的顺利实施、投产。

我国相关法律法规明确规定，在电力工程建设过程中形成的开工资料、过程资料、竣工资料（竣工图）和监理文件等都要有明确且详细的信息记录。坚实保障电力工程监理档案的真实性、有效性和全面性，对问题源头的可追溯性具有重要意义。这需要在电力工程建设的全过程中，严格根据工程实际状况和法律要求，真实记录电力工程监理档案，确保数据准确、有效。除此以外，还要妥善管理电力工作过程中所产生的其他各类文件。这些档案资料信息为工程检验、评估、结算，以及调解处理合同争议等提供扎实依据，从而有效推进整个电力行业的规范化管理。

（三）面临的风险

电力工程档案资料是监理单位在项目实施和监理合同履行过程中监理工作的原始记录，是评定监理工作、界定监理责任的重要证据。管理好监理档案不但是监理工作的需要，更是职责所在。近年来，在监理单位审计中发现存在监理档案缺失部分资料、监理档案归档进度滞后的问题，一定程度上反映了监理履行法定责任的缺失。因此，探讨研究如何提高监理档案管理，减少监理档案缺失，促进监理档案规范化、标准化、信息化方向发展是监理企业管理工作中的重要任务。

二、电力工程监理档案管理存在的问题

（一）监理档案收集滞后

施工资料滞后，与项目进展不同步，严重破坏了其真实性和有效性，削减了监理尽职履责的成效。监理档案的管控重点在于其同步性和动态性。而现场监理部从总监到一般监理人员往往都以实体质量控制为监理工作的中心，弱化了监理档案的管理工作。因此档案管理工作的信息化快速发展成为解决档案资料

管理效率低的必由之路，对监理档案管理工作信息化提出了新要求，构建信息化监理档案管理系统，仍要依赖于有效的软硬件设施条件。

（二）电力工程监理档案信息不完善

目前的电力工程监理档案过多地将关注点放在成果记录上，对施工过程中产生的实时资料不够重视，从而给电力工程档案管理工作的组织带来不利影响，并严重影响监理档案的时效性。与此同时，在这些电力工程监理档案中，还存在无效、虚假等无法判别其真伪的信息，不仅浪费企业管理资源，还给企业发展埋下极大的风险隐患。

（三）监理档案过程管控缺失

目前，监理档案过程管控缺失严重，在多数关键节点才对监理档案进行检查，例如施工准备阶段、中间验收、分部分项验收、竣工投产和档案移交等环节。而在项目实施过程中缺乏对监理档案的跟踪检查，导致监理档案移交时存在资料缺失、整理不及时、失真等问题。

三、解决方案

（一）解决思路

1. 修编监理档案管理制度。根据国家法律法规要求以及电力工程相关档案管理制度和企业自身档案管理制度，结合实际实践情况，建立和完善监理文件资料归档管理制度，利用电力监理档案管理系统，进一步强化监理档案监管工作，有力推动工程资料规范化管理，有效解决监理档案收集不完整的情况，推动电力工程档案工作的标准化发展，促使电力工程全过程档案监控成为常态化。

2. 完善电力工程监理档案的管理设施。加大投资力度，配备齐全的硬件资

源，以保证监理档案保存的完整性。

3. 提升监理档案工作人员的综合素养。监理工作人员作为监理工作的主体，其专业能力和综合素质水平对监理工作的有效开展具有重要影响。

4. 明确职责，加强责任意识。鉴于监理档案管理工作的重要性，需要建立健全责任机制，明确分工、落实责任，形成闭合流程。

5. 加强资料的同步性和真实性。对电力工程文件材料收集不及时，是导致档案资料信息不完整的最主要原因之一，坚持文件材料收集管理与工程建设同步是解决这一问题的有效措施。监理机构应及时整理、分类汇总监理档案并按规定组卷，形成监理档案。只有及时、有效、真实的监理档案，才能反映项目的实际情况并具有可追溯性。

6. 构建电力工程监理档案管理系统。根据现有工程项目管理信息系统平台（平台包括电脑终端和移动终端），构建一个安全、便捷、跨终端、跨平台的电力工程监理档案管理系统，通过信息化技术克服现有管理缺陷，优化工作流程，实现分层管理，提高工作效率，不断探索监理企业改革与发展之道。

（二）研究方法

1. 查阅资料。查阅相关电力工程规范和学术资料，了解监理档案的流程、收集和编制要求等。

2. 现场调研。咨询所承接项目的建设单位主要管理人员、施工单位主要管理人员及监理项目部各级监理人员，了解监理档案当前存在的主要问题、管理痛点和信息化需求、建议等。

3. 统一清单模板。大量收集各供电局的归档要求，实地调研各家监理单位的监理档案归档情况，并依据相关标准

规范，梳理一套适用于企业所承接项目的项目过程资料收集及归档清单。多次组织专家对其进行评审认证，确保清单内容精简和完整，且符合相关规范要求。

四、方案设计

（一）设计思路

在企业原有的信息管理系统增加电力工程监理档案管理系统，实现收集、存储、监控、预警和统计的功能，运用先进的信息化手段，实现监理档案预警和统计的信息提示，能较低成本、时间短、效率高、很好地解决功能需求问题以及负责收集档案人员责任心不足等问题。

（二）解决措施

1. 梳理研发需求分析，研发电力工程监理档案管理系统。在企业现有信息系统上，组织各部门对电力工程监理档案管理系统功能需求进行梳理，形成了电力工程监理档案管理系统功能开发需求分析报告。经与软件开发公司明确电力工程监理档案管理系统开发方案，从而实现以项目管控为核心、以文档管理为重点的功能，实现电力工程监理档案收集、存储、监控、预警和统计功能，是成本最低、最有效、最直接的解决措施。

1）运用 uml 建模工具。系统的开发是以用例驱动开发过程，以系统结构为中心，采用反复迭代渐增式的螺旋上升式开发过程。

2）运用 B/S 的应用模式。所有系统的使用者都通过浏览器的 Web 界面来访问。

3）运用模块化设计方法。按照需求对模块彼此之间尽量以数据连接为主，以特征连接为辅，尽量减弱模块之间的联系程度，增加模块的独立性。

4）运用 .NET 对数据进行优化，更加有效地提升数据的访问手段。

5）运用服务器控件。主要用于在应用程序中提供自定义的 UI。

6）运用了 Microsoft SQL Server 大型数据库管理系统。

2. 电力工程监理档案系统的收集、存储、监控、预警和统计功能测试应用。电力工程监理档案管理系统开发后，以抽查的方式对各部门的项目监理人员进行应用测试，同时记录监理人员对电力工程监理档案管理系统运用的难易程度，务求操作简便，提升操作人员应用体验，从而让监理人员欢迎和接受。

3. 检验电力工程监理档案管理系统应用情况。电力工程监理档案系统应用率至少要达到 90% 以上，促使监理人员有效运用信息化工具进行监理档案管理，提升档案管控成效，确保对策实施到位。

（三）固化措施

1. 编制电力工程监理档案管理系统操作指引。根据电力工程监理档案管理系统内容编制操作指引，指导监理人员如何应用电力工程监理档案管理系统、如何正确完整录入和上传等基本操作，运用"互联网＋监理"模式，提高电力工程监理档案管理质量。

2. 开展电力工程监理档案管理系统宣贯培训及跟踪考核。做好档案管理的培训工作，组织有丰富经验的档案管理人员对企业全体监理人员进行授课，对现场一线人员和档案管理人员开展培训。培训结束后，对培训人员开展熟练度考核，保障培训成效。

3. 日常数据统计与跟踪。通过电力工程监理档案管理系统的大数据分析技术，实现监理档案预警和统计的信息提示，"查缺补漏"提升电力工程档案管理

质量，确保电力工程建设顺利完成。

4. 档案管理系统申请安全等级保护评价。为检验和提高公司档案管理系统的安全性，企业应委托第三方公司为档案管理系统进行网络安全等级保护测评并通过认证，等级为良。

5. 加强系统源代码标准化建设。通过对已有的源代码系统的使用现状进行分析，参考大中型软件开发的成功经验，结合软件开发的标准过程、模型和方法，客观分析了源代码在线评测系统的新需求。同时还按照标准化的设计流程，使用统一建模语言重新设计了能够适用于现阶段的源代码在线评测系统，优化评判策略。

6. 专利保护。企业应对开发成果申请专利保护，保障企业自身知识产权。

五、应用效果

通过对电力工程监理档案管理系统的运用，不仅减少了监理人员在进行档案编制、收集、上传时的步骤，同时还可以做到自动生成和子归档，以及档案缺失预警、过程监控和数据统计功能。为监理项目团队在电力工程档案管理中提质增效，提高管理效率，增加业主对监理人员服务的认可度，同时对督促项目档案管理起到了积极的作用。

（一）与同类先进成果主要技术指标比对分析

1. 电力工程监理档案管理系统与传统档案管理对比。其最大不同之处在于数据统计分析功能和预警功能，对数据分析建立量化信息和考核指标，作出正确的工作量量化数据，对项目管理和下一步工作计划起到重要的借鉴作用。

2. 档案检查频率。传统监理档案管

理检查频率为 4 次 / 月，采用电力工程监理档案管理系统后检查频率为 28 次 / 月，较传统监理档案管理检查频率提升 700%。

3. 监理档案形成、收集及项目数据统计时间。传统模式需要 2h/ 人·天，采用电力工程监理档案管理系统后需要 0.45h/人·天，较传统模式节约 1.55h/ 人·天。

4. 业主汇报用时。传统模式需要 5.25h/ 人·月，采用电力工程监理档案管理系统后需要 0.45h/ 人·月，较传统模式节约 4.8h/ 人·月。

5. 档案管理统计用时。传统模式需要 5h/ 项·月，采用电力工程监理档案管理系统后需要 0.5h/ 项·月，较传统模式节约 4.5h/ 项·月。

（二）社会效益

1. 节能环保。使用电力工程监理档案管理系统，大大减少了纸张和打印耗材的使用频率，一定程度降低了汽车使用频率，进而减少了木材资源的消耗和城市的污染排放物，达到"绿色、高效

并不是口号"的目的。

2. 提高电力工程监理档案管理水平。使用电力工程监理档案管理，对项目档案的编制、上传和统计进行实时监控，实时预警档案收集不及时的项目，提高档案管理效率，同时保障了档案编制和收集质量，减少各种档案收集不及时的外部因素，减少因档案缺失而导致的客户投诉，提高客户满意度，提升企业形象。

结语

电力工程监理档案是电力工程建设过程真实、公正、全面的反映，是工程质量评定、索赔争议时的重要记录资料。电力工程监理档案的管理水平反映了项目管理水平、监理工作的质量和监理人员的素质，是企业对外的形象窗口。通过实践，成功构建电力工程监理档案信息管理系统，完善档案管理制度，优化

档案管理流程，提高档案管理质量。同时通过理论分析、实验验证、对比分析、措施执行，成功解决了电力工程档案管理"老、大、难"等问题，为今后电力工程监理档案提供了新思路、新方法。高度重视电力工程监理档案管理工作，及时将监理档案整理归档，有利于改善项目监理服务质量，提高企业管理水平，促进电力监理行业向科学化、规范化和标准化方向发展。

参考文献

[1] [德] 尤尔根·梅菲特沙莎 . 从 1 到 N ：企业数字化生存指南 [M]. 上海 ：上海交通大学出版社，2018.
[2] 李立秋，贺勇，王振亚，等 . 智能旁站监理管控系统设计与应用 [J]. 建设监理，2017（12）.
[3] 苏建辉，姚邺东，陈永青 . 监理旁站记录信息化应用实践 [J]. 建设监理，2020（9）.
[4] 焦凤芹 . 关于加强建筑工程监理资料管理工作的探讨与建议 [J]. 建设监理，2020（10）.

建筑工程监理与施工技术创新探索

王建东

内蒙古科大工程项目管理有限责任公司

摘　要：建筑工程监理对于一个工程项目的实施有着不可忽视的作用，与施工技术和工程质量有着直接的关系。随着建筑工程行业的发展、技术不断进步，对监理也提出了更为严格的要求，这样才能顺应行业的发展，保证工程的质量。如何确保施工技术顺利实施，扼杀可能出现的安全隐患等问题，都是监理一直在探索、亟待解决的问题。本文对建筑工程监理与施工技术创新进行探讨，思考可行的创新方法。

关键词：建筑工程；监理与施工技术；创新

一、建筑工程监理与施工技术创新的关系分析

（一）施工技术创新有利于促进工程监理行业发展

一个工程建设项目的开展，其制定的施工技术方案往往与现实之间存在一定的偏差。建筑工程监理需要对其采用的施工技术进行分析，找出其中可能存在的薄弱环节或不足之处并加以完善，以便提高施工技术水平，保障工程建设施工质量全面提升。因此，从建筑工程监理的角度来讲，施工技术创新可以促使监理积极展开工作。

（二）建筑工程监理可带动施工技术创新

在建筑工程项目施工期间，监理人员对施工技术进行全面的分析，及时对施工建设中的不当操作进行叫停，并结合施工技术与检查结果进行分析论证，创新完善施工中所采取的技术和措施，以便及时解决施工质量问题，使之符合规范和设计要求，保障施工质量和施工进度。

（三）建筑工程监理与施工技术相互促进

精湛的施工技术不仅对施工质量和施工效率有促进作用，还可以缩短施工周期，有效地对施工成本进行控制。建筑工程监理工作的不断完善，可以促进施工技术在实践中不断创新，乃至推动现代建筑行业的发展。建设工程项目的质量是否符合设计要求和规范要求，监理工作和施工技术都是关键。在施工过程中，监理人员需要按照我国现行的标准要求对施工技术加强监理，若发现技术存在不足之处，应当要求施工单位暂停使用该技术进行施工，并对其进行全面检测分析，在原有的施工技术基础上进行改进创新，以此来提高施工技术水准，使之符合施工任务的需求，提高技术储备，提升技术实施效率和效果，使监理与施工方都能够在技术水平上得到提高。

（四）建筑工程监理与施工技术共同发展

工程项目的建设和发展基于技术的不断改进，技术得到了发展，才能带动工艺、材料、设备的改进和发展。而建筑工程监理对促进技术的创新和发展有着重要的作用。在监理的监督之下，施

工方须不断提高自身施工技术水平，同样，监理单位也在不断创新发展的技术中得到改进与提升，比如采用更为先进的施工监督的管理方法、掌握更为先进的技术等，由此说明建筑工程监理和施工技术创新是共同发展的。

二、工程监理和建筑工程施工技术的促进方式

（一）提升监理人员与施工人员综合素质

很多监理企业和施工单位中存在着素质偏低的人员，思想素质、知识素质、能力素质、身心素质不强，工作过分形式化，导致不能按照工程规范标准来有效开展监理工作，无法专业化地对整个项目进行全程监理。随着工程建设施工工艺与标准不断更新换代，越来越需要高素质的监理人员与施工人员，保障工程施工的质量。监理人员应该坚决杜绝借助工作之便"吃""拿""卡""要"，这是作为监理的基本职业道德操守；专业的理论知识是立身之本，遇到问题能够从专业技术的角度分析，以理服人，作为监理应利用闲暇之余要不断给自己"充电"；在监理工作过程中监理需要和业主、设计方、施工方等各方人员协调沟通，所以协调沟通的能力非常关键，以促进工程项目的顺利开展。监理人员在上岗前进行岗前培训是非常必要的，总监应当定期对各监理人员的工作做好必要的考核和激励机制，激发工作热情。加强监理人员队伍建设管理应该从本单位实际情况出发，合理制定工程监理人员的专业资质管理制度，定期组织工程监理人员参加专业培训，严格执行"持证上岗"的制度，这样才能确保在施工

质量监理工作中严格把控质量关，给业主一个优质、满意的工程。

（二）强化工程施工准备工作

监理工程师可以在施工作业前介入其中，既要对建筑工程项目的概况进行了解，又要掌握业主的具体要求，在遵循相应法律法规的前提下做好监理规划工作，最大限度地确保能够达到预定的监理目标。制定好监理规划之后，监理务必要严格秉承监理规划内容来开展监理工作。在工程项目开工之前，严格按照施工准备阶段的任务，做好施工监理准备工作，结合每个工程的实际特征、按照相关施工技术要点编制监理实施细则，并按照监理细则有序展开监理工作。为了能够保证掌握建筑工程项目的施工状态，监理人员要参与项目施工组织设计等资料的审批，以此来深入了解施工各工序、各环节的具体情况，这样才可提出切实有效的管控措施。若在审批时发现施工组织设计存在着缺陷或者不足，务必要在第一时间内提出，督促改正，力争在施工之前妥善解决好这些问题，将隐患消灭在萌芽状态。

（三）提高工程质量监管水平

提高对工程质量的监管水平是工程监理对建筑工程施工技术的重要促进方式。根据施工技术标准对施工进行监管，对建筑工程的整体施工质量进行把控，确保施工质量以及施工进度得到全面提升。在实际施工过程中，会存在某些施工单位或个人为了私利，采取缩减工序、降低材料质量等方法，甚至偷工减料，这将直接影响建筑工程的质量。在此情况下，监理应针对现场施工技术等情况进行分析、判断，合理控制施工现场材料与施工质量状况，达到提高工程项目施工质量的目的。提高建筑施工行业水平，做

到监理与施工技术双向促进、共同发展。

（四）加强工程施工进度控制

工程建设的进度是一个建设项目能够按时交付的关键，在实际工程建设过程中，监理人员应该按工程施工总进度计划对各个分部分项工程进行检查跟踪，分析对比，协调管控，审核施工单位报送的年度、季度、月、周计划，并对已完成的实际工程量进行确认分析。在定期的监理例会中对每周完成进度与计划进度进行对比分析，找出产生差异的原因，采取合适的措施纠偏，争取将耽误的进度进行弥补。强化进度控制，应该着重于事前控制和事中现场的协调，减少事后补救的情况。

（五）实施全方位管理

监理应依照标准规范，对施工人员、材料机械设备、安全文明生产、变更等进行全方位监理。若监理工作中检查出有违规等行为，第一时间记录并制止（最好留有影像资料），及时下发通知单通知施工方加以整改。监理应采用全方位的管理手段，提高自身整体管理水平，促进监理可持续发展。

结语

通过对建筑工程施工监理与施工技术的关系探讨，我们得知施工技术作为一个工程项目实施的核心关键，对整个工程的质量有着决定性的作用，建筑工程监理如何尽到自身职责、督促好施工技术的实施，一直都是亟待解决的问题。在实际施工过程中，监理部门必须对工程施工技术高度重视并做好监理与管控，保证项目的顺利实施。我们应在实践中不断总结经验，完善监理与施工技术的创新，促进建筑业的健康发展。

云南省建设监理协会

云南省建设监理协会（以下简称"协会"）成立于1994年7月，是云南省境内从事工程监理、工程项目管理及相关咨询服务业务的企业自愿组成的区域性、行业性、非营利性的社团组织。其业务指导部门是云南省住房和城乡建设厅，社团登记管理机关是云南省民政厅。2018年4月，经中共云南省民政厅社会组织委员会的批复同意，"中共云南省建设监理协会支部"成立。2019年1月，协会被云南省民政厅评为5A级社会组织。目前，协会共有193家会员单位。

协会第七届管理机构包括：理事会、常务理事会、监事会、会长办公会、秘书处等，并下设编辑委员会、专家委员会等常设机构。29年来，协会在各级领导的关心和支持下，严格遵守章程规定，积极发挥桥梁纽带作用，加强企业与政府、社会的联系，了解和反映会员诉求，努力维护行业利益和会员的合法权益，并通过组织行业培训、行业调研与咨询，协助政府主管部门制定行规、行约等方式不断探索服务会员、服务行业、服务政府、服务社会的多元化功能，努力适应新形势，谋求协会新发展。

云南省建设监理协会七届三次会员大会召开

召开会长办公会商议确定协会年度工作重点

电话：0871-64133535
传真：0871-64168815
邮编：650228
E-mail：ynjlxh2016@qq.com
地址：云南省昆明市西山区迎海路8号金都商集11幢2号

（本页信息由云南省建设监理协会提供）

学习贯彻党的二十大精神，落实第一议题学习制度

完成《云南省房屋市政工程建设各方主体质量安全责任清单（2022版）》编写任务

承接"2022年云南省住房和城乡建设厅工程质量安全专家咨询服务"政府采购项目

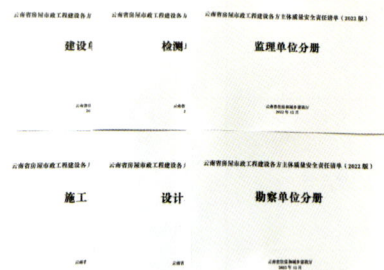

完成《云南省房屋市政工程建设各方主体质量安全责任清单（2022版）》编写任务

组织会员单位参加免费线上培训和讲座

2022年免费赠送会员单位2100册《云南省建设工程监理规程》和1000套监理业务培训教材

主动承担社会责任，向云龙县政府捐赠疫情防控物资

十佳社会组织

广东省社会组织评估 5A 等级

"城市轨道交通工程监理规程"课题成果转团体标准研究验收会顺利召开

协会成功举办中南八省建设监理协会工作交流会议

协会成功举办"强化安全红线意识 规范监理执业管理"专题讲座

协会会长孙成将率领秘书处一行，向北京街道办事处捐赠价值三万元抗疫应急物资，支持社区疫情防控工作

协会顺利召开《建设工程安全生产管理监理工作规程》团体标准审定会议

协会召开会员服务机构专题会议

广东省建设监理协会

应时而生，顺势有为。广东是改革开放的"排头兵"和"先行地"，也是国内最早推行工程监理制度试点的地区之一；随着工程建设管理领域市场化、社会化、专业化改革发展，广东省建设监理协会（以下简称"协会"）在广东省建设行政主管部门的牵头下，于 2001 年 7 月成立，开启了"政府引导、协会搭台、行业自治、共建共赢"有序发展的组织新模式。协会以《章程》为核心、以社会组织 5A 等级标准为要求，规范法人治理结构，促进协会健康发展；协会秉承办会宗旨，凝聚广大会员力量、完善自身建设、搭建政企沟通桥梁，为行业发声、为政府参谋、为会员服务，助力行业高质量发展。

踔厉奋发，风雨筑路。近年来，协会多次荣获广东省"十佳社会组织"、广东省社会组织评估 5A 等级、"优秀社会组织""全省性社会组织先进党组织"等多项荣誉称号。作为中国建设监理协会副会长单位，协会逐渐成为全国监理行业会员规模最大、社会影响力最强的省级协会之一。截至 2022 年底，协会单位会员达 970 家，个人会员达 12.59 万人，会员区域覆盖全省 21 个地级市，单位会员近几年规模和数量都是位居全国前列。协会立足行业发展、会员需求，有序开展会员服务工作，引导会员结合自身优势探索新业态、多途径转型路径。

深耕行业，立足发展。近年，协会组织开展了广东省住建厅委托的《广东省建设工程监理条例》立法后的评估，对粤港合作中相关法律法规差异性的课题调研；承办了中国建设监理协会委托的"城市轨道交通工程监理规程""业主方委托监理工作规程""装配式建筑工程监理规程"课题调研；自发组建专家、律师团队开展"建设工程监理责任相关法律法规研究"课题调研，并联合广东省安全生产协会制定了《广东省建设工程安全生产管理监理规程》团体标准；2022 年，承办了中国建设监理协会委托的"监理人员尽职免责规定"课题研究和"城市轨道交通工程监理规程"课题转团标研究。协会积极聚焦行业改革，开展前瞻性课题研究，推进行业标准化建设，助力行业高质量发展。

创新不辍，锐意探索。协会关注广大会员服务需求，不断优化会员服务模式。为深度促进"互联网＋会员服务"融合落地，更好适配会员多应用场景的工作需要，协会在会员管理信息系统（网页版）基础上开发投用了个人会员教育 APP，年平均在线学习超 3 万人次。此外，协会持续聚焦行业热点话题，构建"一网一刊两号"宣传渠道，加强行业品牌宣传；协会连续多年推出"安全生产月""质量月"直播系列讲座，首创沉浸体验式创优工程项目"云观摩"活动等，受到社会各界高度关注。

大道致远，奋楫共进。协会取经行业前沿，搭建会员沟通交流平台，常态化走访会员单位，召开区域会员单位座谈会，了解会员需求，关注各地营商环境，努力打破行业沟通壁垒；组织会员单位赴各省市行业协会考察学习，组织参加中国建设监理协会举办的经验交流会、中南地区省建设监理协会工作交流会和香港地区举办的"一带一路"高峰论坛等大型活动；协会还定期举办中高层管理者的交流沙龙等活动，促进会员互学互鉴、共研共进。

心怀星火，逐浪追光。协会始终坚持党建引领，通过党建学习和主题教育活动，加强党支部的组织建设；协会积极倡议会员单位投身社会公益，践行社会责任，弘扬行业正能量。协会将一如既往赓续监理工匠根脉，信守行业服务承诺，充分发挥行业社会组织平台优势，聚拢广大会员共推行业高质量发展，齐创行业新的辉煌！

电话：020-83523860
邮编：510030
邮箱：xh@gdjlxh.org
微信公众号：gdsjsjlxh
地址：广州市东风中路 437 号越秀城市广场南塔 1301 单元

（本页信息由广东省建设监理协会提供）

永明项目管理有限公司

永明项目管理有限公司是中国建筑服务业首家一站式智能信息化管控服务平台，总部位于古都西安，公司成立于 2002 年，注册资本 5025 万元。业务涵盖工程监理、造价咨询、招标代理、全过程咨询等。

公司现有国家注册类专业技术人员 700 余人，专业工程师 6000 余人。具有工程监理综合资质、工程造价咨询甲级资质、工程招标代理机构甲级资质、中央投资项目招标代理机构乙级资质、人民防空工程建设监理乙级资质、政府采购代理机构登记备案、机电产品国际招标代理机构登记备案、中华人民共和国对外承包工程资质等建筑服务业相关资质。

目前，公司在全国 31 个省市自治区设有 340 余家经营网点，承揽的项目主要为国家重点工程，以及地铁、管廊、医院、院校、市政道路、水利水电、大型房建、城市地标建筑等，以"信息化、标准化、规范化"为业务特点。连续 3 年经营合同额超 20 亿元，在公共资源交易中心连续 2 年排名行业前列。承揽的项目先后荣获国家优质工程奖 3 项、省市级优质工程奖 20 多项；省级文明工地 90 多个。

理念引领　实现转型

近年来，永明公司积极响应国家"创新是引领发展的第一动力"指示和"互联网+"的号召，坚持党建引领、科技支撑，通过应用建筑行业信息化解决方案服务平台——筑术云，率先将"信息化管理＋智慧化服务＋平台化发展"引入建筑咨询服务业，通过 6 年时间全国各地上万个不同类型工程项目的探索与实践，彻底改变了传统建筑咨询服务企业的组织模式、管理模式、运营模式、服务模式，大幅提高了工作效率，降低了各类成本，确保了服务项目的安全和质量，实现了转型升级。

科技赋能　品质服务

2020 年突如其来的疫情席卷全国，西安市政府将西安"小汤山"项目（公共卫生中心）建设监理任务委托给永明公司，面对春节假期和疫情管控双重压力，公司利用筑术云平台高效组织了由党员和积极分子、国证总监组成的 70 人突击队，第一时间赴施工现场，与中建集团、陕建集团共享筑术云平台，共同奋战十昼夜圆满完成了市政府交办的任务，得到西安市政府的高度认可，并向永明公司发来了感谢信。

近年，仅在西安市内就陆续承揽了地铁 2 号线、8 号线、10 号线，以及中国丝路科创谷起步区项目、航天基地东兆余安置项目、沣西新城王道新苑项目等多个大型项目。省外也先后承接了鹏瑞利杭州西站枢纽南区站城综合体项目、1050 万元通榆县财政投资评审中心财政局投资评审工程项目管理项目、5960 万元长征国家文化公园（卢氏段）一期建设项目全过程工程咨询项目等多个大型项目，公司将继续发挥智能化项目管控优势，为区域智慧化建设赋能。

创新促变　行业先行

永明公司秉持追求卓越、全面发展、和谐包容的发展理念，全面加强信息化建设，凭借应用筑术云，在行业发展中异军突起，受到了社会各界、主流媒体的广泛关注。2022 年《人民代表报》、央视《时代先锋》栏目等国家权威媒体相继对永明信息化发展进行了专题报道。同时，公司成功入围 2022 年《品质中国》，成为行业唯一入围国家品牌的企业；中华人民共和国住房与城乡建设部、中国建设监理协会等单位就行业信息化发展在永明项目管理有限公司召开了专题会议，向全国推广永明项目管理有限公司行业信息化建设的做法和经验。

未来，永明将继续秉持"爱心、服务、共赢"的企业精神做强技术，以智慧管护，规范经营和科学管理的经营理念优化服务，为促进行业健康发展、推动企业价值创造、承担社会责任作出更大的贡献！

（本页信息由永明项目管理有限公司提供）

公司沣东自贸产业园办公楼

中国建设监理协会领导组织"监理工作信息化标准"课题组专家及验收组专家专题调研永明信息化应用成果

国家住房和城乡建设部信息化建设与应用成果专题汇报

西安市地铁 8 号线项目

筑术云可视化指挥中心

西安市公共卫生中心项目

公司承监的西安市公共卫生中心（应急院区）交接仪式

《时代先锋》栏目组在永明公司拍摄《筑梦建术 智慧共赢》电视纪录片

公司党建活动

中国丝路科创谷起步区项目

永明公司荣登《人民代表报》

西安市人民政府给公司的感谢信

电话：029-88608580
邮编：710065
地址：陕西省西咸新区沣西新城尚业路 1309 号总部经济园 6 号楼

西安咸阳国际机场三期

北京大兴国际机场

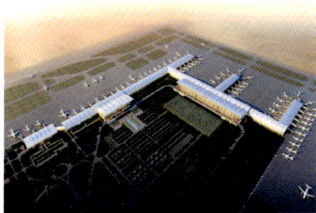
榆林榆阳机场二期扩建工程 T2 航站楼及高架桥工程

新疆石河子大剧院

北大国际医院

海航冷链大楼

华为上饶数据中心

苹果数据中心

京东方先进实验室

宁夏高法项目

中国移动（哈尔滨）数据中心

中国电子院 | 希达咨询 北京希达工程管理咨询有限公司

北京希达工程管理咨询有限公司（原北京希达建设监理有限责任公司）是中国电子工程设计院有限公司的全资子公司，具有独立法人资格。公司是全国首批取得工程监理甲级资质的企业之一，具有住房和城乡建设部工程监理综合资质、信息系统工程监理甲级资质、设备监理甲级资质、人防工程监理甲级资质和招标代理资质。2017 年入选住建部"全国全过程工程咨询试点企业"。

公司业务范围包括建设工程全过程咨询、项目管理、造价咨询、招标代理、建设监理、信息系统监理和设备监理等相关技术服务，涵盖各类工业工程、市政公用和民用建筑。公司拥有经验丰富和高效专业的项目管理团队，其中高、中级职称人员占 65% 以上。公司购置了满足各类工程需要的检测设备和仪器。

公司先后承接并完成了几百项大中型工程的建设监理、项目管理业务，涉及电子工业工程、通信信息和数据中心、公共与住宅工程、医疗建筑与生物医药、机场与物流工程、铁路工程、能源化工、节能环保、市政公用工程、援外工程、农林工程等各行业领域，有一百多项工程获得国家"鲁班奖""詹天佑奖""国家优质工程奖""金钢奖"及各类省部级优质工程奖项。

公司连续多年被中国建设监理协会、北京市建设监理协会、中国建设监理协会机械分会授予"全国先进工程监理企业""北京市建设监理行业优秀监理企业""全国机械工业先进工程监理企业""北京市建设行业诚信监理企业"等多项荣誉。

公司拥有完善的管理制度和健全的标准化体系，通过了质量、环境、安全体系认证，并持续保持认证资格，公司的日常办公和项目现场均实现了信息化管理。公司积极参与行业发展创新，承担了多个协会的社会工作。公司是中国建设监理协会理事单位、北京建设监理协会副会长单位、中国设备监理协会理事单位、中国电子企业协会信息系统工程监理分会副理事长单位、北京人防监理协会会员单位等。

公司拥有完善的管理制度、健全的 ISO 体系及信息化管理手段，拥有公司质量、环境、职业健康安全、信息安全和信息技术服务五个管理体系的 ISO 认证证书。公司自主研发项目日志日记系统、员工考核和学习系统，采用先进的企业 OA 管理系统，部分项目采用 BIM-5D 软件和智慧工地系统。近年来，多人获得全国优秀总监、优秀监理工程师称号，拥有高效、专业的项目管理团队。

公司努力持续创新发展，致力于为各方业主提供优质的工程技术服务。

电话：010-68160802
　　　010-68208757
传真：010-68160803
地址：北京市海淀区万寿路 27 号

（本页信息由北京希达工程管理咨询有限公司提供）

武汉星宇建设咨询有限公司

武汉星宇建设咨询有限公司，前身为武汉星宇建设工程监理有限公司，成立于1996年6月，现拥有住建部工程监理综合资质、水利部水利工程施工监理乙级资质、设备监理乙级资质、人防工程丙级资质，是湖北省土地整治监理备案单位，可承担所有专业工程类别建设工程项目的工程监理，并可提供工程项目管理、工程造价、项目评估等咨询服务。2003年通过中国建设管理协会认证中心的质量体系认证，获得GB/T 19001质量管理体系认证证书，2011年7月已通过质量、安全、职业健康"三合一"体系认证。

公司技术力量雄厚，专业配置齐全，现有各类专业技术人员550人，其中高级技术职称80人、中级技术职称242人、硕士研究生4人；全国注册监理工程师98人、全国水利注册监理工程师15人、全国一级注册结构师2人、全国一级注册建造师26人、全国注册安全工程师5人、全国造价工程师14人、设备监理工程师12人、人防工程监理工程师14人。公司监理人员大多主持、组织或参与过许多大型和特大型工程项目的设计、施工管理及监理工作，具有丰富的实践经验。

公司以"诚信守法、合作共赢"为经营宗旨；以"合同履行率100%，业主满意率大于90%"为质量目标；按照"守法、诚信、公正、科学"的执业准则，不断进取、精益求精，竭诚向业主提供规范、专业、优质的服务。公司成立以来先后承担了工程监理项目2600余项，工程造价超过2800亿元。在已竣工的监理项目中，四冷轧、普仁医院2项工程获中国建设工程鲁班奖，二热轧、江北配送、二硅钢及三冷轧4项工程荣获国家优质工程银奖；武钢8号高炉等53项工程荣获冶金行业优质工程奖；汉川市涵闸河城市棚户改造项目等43项工程荣获湖北省优质工程楚天杯奖和优质结构工程奖；松滋市全民健身中心荣获湖南省建设工程芙蓉奖；武钢工业港排口污水处理工程荣获化学工业优秀项目奖；武钢航天首府等10项工程荣获武汉市优质工程黄鹤杯奖；阳逻之心阳靠南路排水等2项工程获湖北省市政示范工程；武汉龙角湖泵站等3项工程获武汉市市政工程金奖；武钢三冷轧等160项工程荣获武钢优质工程和优质结构工程奖。

目前，公司业务已遍及国内的湖北、江苏、北京、四川、新疆等26个省市及国外的老挝人民民主共和国，业务覆盖冶金、房建、市政、电力、机电安装、石油化工、矿山工程、铁路工程、水土保持、信息系统等专业的工程监理及造价咨询和设备监理、项管代建等业务。公司呈良性发展之势。

服务社会，共享利益，星宇公司愿与社会各界携手共创美好未来！

湖北能源集团利川中槽风电场项目

（本页信息由武汉星宇建设咨询有限公司提供）

湖北省武汉市武钢体育公园

四川省西昌钒钛资源综合利用项目及炼钢连铸工程

武钢8号高炉

湖北省武汉市智慧生态城人才公寓

湖北省武汉市天风大厦

湖北省襄阳市鱼梁洲污水处理厂沉管过江分流工程

浠水河生态综合整治工程PPP项目

武钢燃气蒸汽联合循环发电站（CCPP）工程

新疆楚星能源五星热电联产项目

广西防城港钢铁基地铁路项目

湖北省十堰市综合管廊PPP项目

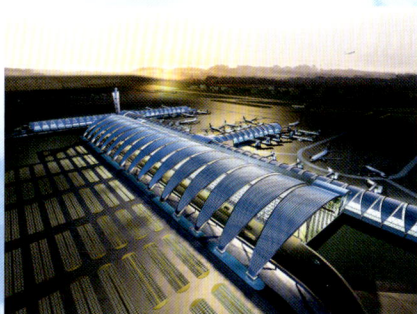

广西大通建设监理咨询管理有限公司

广西大通建设监理咨询管理有限公司成立于1993年2月16日，是中国建设监理协会理事单位、广西建设监理协会副会长单位、南宁市建设监理协会副会长单位、广西工程咨询协会常务理事单位、广西具有开展全过程工程咨询资格的试点企业之一。公司具有房建监理甲级、市政监理甲级、机电安装监理甲级资质；人防工程、水利水电、公路、农林、通信、电力监理乙级资质；工程和政府采购招标代理、造价咨询的乙级资质、工程咨询单位信用乙级资质；获得了质量管理体系、职业健康安全管理体系和环境管理体系认证证书。

公司职能管理部门有经营部、招标代理部、工程咨询部、造价咨询部、BIM技术部、监理业务处、质安环管理部、人事处、综合部、财务处；二层管理机构有桂林、贺州、玉林福绵、柳州、河池、贵港、融安、北海、崇左、百色、平果、钦州、防城港、崇左江州、武鸣、兴宾、邕宁、灵山、东盟、平南、三江、广东清远市等分公司。主要提供房建、市政道路、机电安装、人防、水利水电、公路、农林等各类建设工程在项目立项、节能评估、编制项目建议书和可行性研究报告、工程项目代建、工程招标代理、工程设计、施工、造价预结算等各个建设阶段的技术咨询、评估、工程监理、项目管理和全过程工程咨询服务。

公司现有员工600多名，在众多高、中、初级专业技术人员中，国家注册咨询工程师、监理工程师、结构工程师、造价工程师、设备工程师、安全工程师、人防工程师、一级建造师和香港测量师共有308名。各专业配套的技术力量雄厚，办公检测设备齐全，业绩彪炳，声威远播，累计完成有关政府部门和企事业单位委托的项目建议书、可行性研究报告、工程评估、项目管理、项目代建、招标代理、方案优选、设计监理、施工监理、造价咨询、BIM应用等技术咨询服务2810余项。足迹遍及广西各地和海南省部分市县，积累了丰富的经验，获得业主的良好评价。

经过员工们的努力，公司积淀了具有鲜明特色的企业文化，成功缔造了"广西大通"品牌，多次被住房和城乡建设部以及中国监理协会评为全国建设监理先进单位，年年被评为广西、南宁市先进监理企业，多次获得广西和南宁工商行政管理局授予的"重合同守信用企业"称号，累计获得国家"鲁班奖"4项，获得"国家优质工程""广西优质工程"、各地市级优质工程等奖励290余项，为国家和广西各地经济发展作出了公司应有的贡献。

广西大通建设监理咨询管理有限公司愿真诚承接业主新建、改建、扩建、技术改造项目工程的建设监理和工程咨询及项目管理业务等全过程工程咨询项目，以诚信服务让业主满意为奋斗目标，用一流的技能、一流的水平，为业主提供一流的技术服务，全力监控项目的质量、进度、投资，履行安全职责，做好合同管理、信息资料、组织协调等工作，促使业主建设项目尽快获取投资效益和社会效益！

联系电话：0771-3810535 3859252
电子信箱：gxdtjl@126.com
邮政编码：530007
公司地址：广西南宁市科园大道33号盛世龙腾A座十三楼1317号

（本页信息由广西大通建设监理咨询管理有限公司提供）

2009年先进企业表彰

2010年先进企业表彰

广西区二招会议及宴会中心（鲁班奖项目）

广西民族大学西校区图书馆（鲁班奖项目）

贵港市"观天下"项目（获国家优质工程奖）

河池水电公园（鲁班奖项目）

广西壮族自治区国土资源厅业务综合楼（鲁班奖项目）

防城港园博园

柳州会展会议中心（国家优质钢结构工程奖）

邕江大学新校区

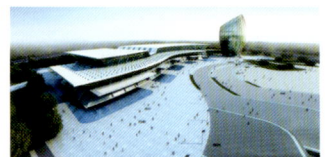
贺州大道

广西金投中心

中韬华胜工程科技有限公司

中韬华胜工程科技有限公司始创于 2000 年 8 月 28 日，是一家具备国资背景的综合型建设工程咨询服务企业，现为中国建设监理协会理事单位、《建设监理》副理事长单位、湖北省建设监理协会副会长单位、武汉市工程建设全过程咨询与监理协会会长单位、湖北省工程咨询协会理事单位、中国招标投标协会会员单位、湖北省招标投标协会理事单位、湖北省政府采购协会会员单位、武汉市招标投标协会会员单位，系国家高新技术企业、科技型中小企业。

公司具备前期工程咨询、工程勘察、建筑工程设计、造价咨询、招标代理、全过程项目管理、工程代建、全过程工程监理、全过程工程咨询、BIM 及信息化咨询、运维管理等专项资质、资格或能力，曾多次参与国家和地方性规范标准及课题研究工作，在全国工程监理与咨询行业具备一定影响力。

经过二十余年跨越式发展，公司培养和造就了一批专业精通、经验丰富、素质优良的专业技术人才，在行业赢得了较高声誉。公司现有员工 500 余人，国家各类职业资格注册人员 300 多人次。近年来，凭借专业的匠心、真诚的态度、超值的服务，公司数十项工程获得"鲁班奖""国家优质工程奖""中国建筑工程装饰奖""中国安装工程优质奖""中国建设工程钢结构金奖""湖北省市政示范工程金奖"，连续多年被评为"中国建设监理行业先进工程监理企业""湖北省先进监理企业""湖北省守合同重信用企业""企业信用评价 AAA 级信用企业"等，通过了质量、环境、职业健康安全管理三大体系认证。

随着大数据、云计算、区块链等信息化技术的迅猛发展，公司秉持"尽精微至广大"的理念，努力建设"规范化、标准化、信息化、数字化"品牌企业，现持有 2 项发明专利，13 项实用新型专利，19 项计算机软著以及若干项省市级科技成果奖。当前，公司正在大力推进和发展"信息化管理""智能化服务"两大工程，积极探索 5G 时代 BIM 新技术应用方向，不断建立以客户为中心、以服务为导向的多层次价值链，实现公司科技化服务大发展。

在决胜千里的事业征途上，华胜人志存高远，海纳百川，志在为业主倾力奉献出独具华胜品牌价值的全过程工程咨询服务。愿与社会各界一道，以诚相待、合作共赢，拥抱属于您我共荣的美好明天。

（本页信息由中韬华胜工程科技有限公司提供）

华中科技大学国家光电研究中心（2019 年"鲁班奖"）

协和医院金银湖院区（2021 年"鲁班奖"）

同济医院光谷院区（2016 年"鲁班奖"）

武汉地铁 8 号线（2019 年"工人先锋号"）

武汉火神山医院（2020 年"工人先锋号"）

江西艺术中心（中国建筑工程装饰奖）

湖北广电传媒大厦

中国地质大学新区图书馆（2022 年国家优质工程）

湖北省博物馆综合陈列馆（"鲁班奖"）

湖溪河综合治理工程（全过程工程咨询服务十佳案例）

襄樊卷烟厂制丝生产线技术改造工程联合工房

襄阳东津站枢纽综合配套工程（2022 年国家优质工程奖）

湖北省博物馆三期工程（2022 年"鲁班奖"）

黄石月亮山隧道

合肥香格里拉大酒店

创新产业园三期一标段项目管理及监理一体化

凤台淮河公路二桥

合肥工业大学工程管理与智能制造研究中心全过程工程咨询项目

合肥京东方 TFT-LCD 项目

合淮阜高速公路

灵璧县凤凰山隧道及接线工程

马鞍山长江公路大桥

合肥市轨道交通 3 号线

佛山市顺德区南国东路延伸线（顺德大桥）工程

合肥工大建设监理有限责任公司
Hefei University of Technology Construction Supervision Co.,Ltd.

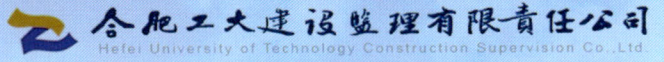

　　合肥工大建设监理有限责任公司，隶属于合肥工业大学，国有全资企业，成立于 1995 年 5 月，持有住房和城乡建设部工程监理综合资质，以及交通部、水利部等多项跨行业甲级监理资质。公司主营业务包括工程监理服务和全过程工程咨询服务两大板块。

　　公司依托合肥工业大学的建筑、规划、土木、岩土、环境、机械、工程管理等多学科的专业院所，形成高端专家技术资源，构建有合肥工大建筑技术研发中心平台，在多个领域涉猎新技术观念，能够为社会提供一流的技术咨询服务。

　　公司在坚持走科学发展之路的同时，注重产、学、研相结合战略，建立了学校多学科本科生实习基地，搭建了研究生研究平台，是学校"卓越工程师"计划的协作企业，建立了共青团中央青年创业见习基地。多年来，公司主编或参编多项国家及地方标准规范。同时，公司在业内创造性建立并实施了企业技术标准，持续提升了监理工作服务与管理水平。

　　公司自成立以来，不断探索，至今已取得了有目共睹的辉煌业绩，曾创造多个"鲁班奖""詹天佑奖"，以及"国优""部优""省优"等多种级别监理奖项，自 2008 年起连续多年获得全国百强监理企业、全国先进监理企业、安徽省先进监理企业、合肥市优秀监理企业等多项荣誉。同时，公司于 2002 年在安徽省业内率先通过质量管理、环境管理和职业健康安全管理三项体系认证。

　　公司承揽的工程监理（项目管理）项目足迹遍及皖、浙、苏、闽、粤、辽、鲁、赣、川、青、蒙、新等地，涉及各类房屋建筑工程、公路工程、桥梁工程、隧道工程、市政公用工程、水利水电工程、机电工程、电力工程等行业。

　　公司始终坚持诚信经营，不断创新管理机制，深入贯彻科学发展观，坚持科学监理，努力创一流监理服务，为社会的和谐发展，为监理事业的发展壮大不断作出应有的贡献。

电　话：0551-62901619（经营）　62901625（办公）
地　址：合肥市包河区花园大道 369 号

中国银行集团客服中心（合肥）一期工程

合肥燃气集团综合服务办公楼

（本页信息由合肥工大建设监理有限责任公司提供）

BECC 北京北咨工程管理有限公司

北京北咨工程管理有限公司的前身为北京市工程咨询有限公司建设监理部。2008年北京市工程咨询有限公司为推动监理业务蓬勃发展，成立了全资子公司——北京北咨工程管理有限公司。

公司具有房屋建筑工程甲级、市政公用工程监理甲级、机电安装工程监理乙级、电力工程监理乙级、通信工程监理乙级、文物保护工程监理甲级、人民防空工程监理甲级等多项资质证书，取得了质量管理体系、环境管理体系、职业健康安全管理体系认证证书，是北京建设监理协会常务理事单位、中国建设监理协会会员单位，曾获得"北京市建设监理行业奥运工程监理贡献奖""北京市建设监理行业抗震救灾先进单位"荣誉称号，多次被评为北京市建设行业诚信监理企业、北京人防工程监理诚信企业。

公司的业务经过不断拓展、改进和提高，构建了独具特色的咨询理论方法及服务体系，建立了一支能够承担各类房屋建筑、市政基础设施、轨道交通、水务环境、园林绿化、文物古建等工程的高素质监理队伍，目前从事监理业务人员200余人，积累了一批经验丰富的专家。所监理的工程获得了"国家优质工程奖""中国建设工程鲁班奖""土木工程詹天佑奖""全国优秀古遗迹保护项目""北京市建筑长城杯工程金质奖""北京市市政基础设施结构长城杯工程金质奖"等多项荣誉。

新的历史时期，北咨监理公司始终坚持诚信化经营、精细化管理，秉承"打造行业精品，创造客户价值"的质量方针，努力成为客户满意、政府信赖、社会认可的具有显著领先优势的监理公司，与社会各界一道携手，为促进建设监理事业高质量发展艰苦扎实地不懈努力作出北咨人的贡献。

电话：010-67086339
邮编：100124
地址：北京市朝阳区高碑店乡八里庄村陈家林9号院华腾世纪总部
　　　公园项目9号楼4层

（本页信息由北京北咨工程管理有限公司提供）

北京市东城区－故宫宝蕴楼修缮工程

北京市丰台区－北京市郑王坟再生水厂工程（第二标段）

北京市丰台区－梅市口路（玉泉路－长兴路）道路BT工程（监理）

北京市大兴区－北京社会管理职业学院回迁项目一期工程

北京市昌平区－北四村回迁安置房A组团工程

北京市昌平区－天通中苑新建及改造项目

北京市朝阳区－北京轨道交通4、6、8、14、17、13号线等工程

北京市海淀区－颐和园排云殿－佛香阁－长廊等景区修缮工程

北京市西城区－大栅栏煤市街以东C1C2商业金融用地项目

西藏拉萨市－拉萨市群众文化体育中心

独山子石化扩建工程化工全压力罐区（2009 年）

重庆巴斯夫 MDI 项目核心装置 CMDI 装置

哈萨克国家石油公司巴甫洛达尔炼厂 8 万吨年硫磺回收项目

陕京四线焊接机组

江苏盛虹延迟焦化 4

广东石化五联合连续重整、石脑油加氢、氢气回收装置

中国石油广西石化千万吨炼油夜景－全景

塔里木乙烷制乙烯项目－乙烯装置

中化泉州石化 100 万吨年乙烯及炼油改扩建项目 10 万吨 EVA 装置

尼日尔 Agadem 油田一体化项目－炼厂部分装置区夜景－全景

神华包头煤化工有限公司 煤制烯烃项目年产 60 万吨甲醇制烯烃装置（2009）

吉林梦溪工程管理有限公司

吉林梦溪工程管理有限公司，1992 年 11 月成立，原名"吉林工程建设监理公司"，隶属于吉化集团公司，1999 年 3 月独立运行；2000 年，随吉化集团公司划归中国石油天然气集团公司；2007 年 9 月，划归中国石油东北炼化工程有限公司；2010 年 1 月 6 日更名为吉林梦溪工程管理有限公司；2017 年 1 月 1 日划归中国石油集团工程有限公司北京项目管理分公司。

吉林梦溪工程管理有限公司拥有国家住房和城乡建设部颁发的工程监理综合资质，国家技术监督局颁发的甲级设备监理单位资质 9 项、乙级设备监理单位资质 1 项，吉林省住房和城乡建设厅颁发的工程造价咨询乙级资质，中国合格评定国家认可委员会颁发的检验机构能力认可资质。业务领域涉及炼油化工、油气储运、油田地面、煤化工、新能源、市政建筑工程等，可为客户提供全过程、一体化的工程咨询服务。能够为客户提供 PMC、IPMT、EPCm 以及项目管理与监理一体化等多种模式，开展了项目前期咨询、设计管理、采购管理、投资控制、安全管理、质量管理、施工管理、开车咨询、检修、运营维护等全过程或分阶段项目管理服务，以及专家技术咨询、工程创优等专项服务。

目前，吉林梦溪工程管理有限公司市场已覆盖国内 26 个省市自治区，业务遍及 10 余家大型国有企业集团。中石油系统内，油气新能源板块的大庆油田、吉林油田、塔里木油田、西南油气田和青海油田；炼化新材料板块的 23 家地区炼化企业及 10 家销售企业，支持服务板块 4 家单位。中石油系统外，主要服务于中石化、中海油、国家管网、中国化工、中化集团、国电投、中蓝集团、神华集团、中煤集团、国电宁煤、陕西延长集团、辽宁华锦化工集团、正和集团等大型国有企业，以及恒力石化、江苏盛虹、浙江石化、浙江恒逸石化、山东裕龙石化、山东东营威联化学、康乃尔化学公司等大型民营企业。参与国外及涉外项目有中石油援建尼日尔 100 万 t 炼厂项目、德国 BASF 公司独资的重庆 MDI 项目、俄罗斯亚马尔 LNG 模块化制造项目、哈萨克斯坦硫黄回收项目、恒逸文莱 PMB 石油化工项目等。

吉林梦溪工程管理有限公司始终坚持"为客户提供全过程工程咨询和项目管理服务"的企业使命和"诚信、敬业、担当、创新、合作、共赢"的核心价值观，现已发展成为中国石油化工行业监理的龙头企业，企业排名始终处于全国工程监理行业百强。截至目前，吉林梦溪工程管理有限公司共承揽业务 3500 多项，合同项下参建项目总投资额达 6000 多亿元。吉林梦溪工程管理有限公司是中国建设监理协会理事单位，是中石油集团公司工程建设一类承包商，是中国设备监理协会副理事长单位，2012—2022 年度连续 10 年被评为优秀监理企业，累计获得国家级企业荣誉 17 项，省部级荣誉 20 项，市局级荣誉 15 项，国家级优质工程奖 24 项，省部级优质工程奖 70 项。

（本页信息由吉林梦溪工程管理有限公司提供）

重庆赛迪工程咨询有限公司

重庆赛迪工程咨询有限公司始建于1993年，系中冶赛迪集团有限公司全资子公司。是住房和城乡建设部首批40家全过程工程咨询试点企业和重庆市全过程工程咨询第一批试点企业。现已形成以项目管理为核心，以经济和技术为支撑，以数字化、低碳化、一体化、国际化发展为保障的全过程工程咨询服务体系，并成为重庆市住房城乡建设领域数字化企业与高新技术企业。

重庆赛迪工程咨询拥有工程咨询单位甲级资信等级、工程设计综合资质、工程监理综合资质（含14项甲级资质）、设备监理甲级和装饰设计甲级等资质，是国内最早获得"英国皇家特许建造咨询公司"称号的咨询企业，能够提供投资决策综合咨询、工程招标代理、工程监理与项目管理服务、工程建设数字化管理平台搭建、工程设计、设计咨询与管理、造价咨询等组合式全过程工程咨询或单项咨询服务。围绕业主需求与项目建设痛点、难点所打造的匹配全过程工程咨询项目建设的"赛迪轻链""轻检"工程质量检测平台等数字化运用平台，能够运用数字化、智能化手段提高项目管理效能，以数字化赋能高标准、高水平、高效率的工程咨询服务。

重庆赛迪工程咨询人才力量强大，专业门类丰富齐全，培养形成了国家监理大师1名以及一批获得英国皇家特许建造师、注册建筑师、注册会计师、法律职业资格获得者、注册监理工程师、注册咨询工程师、注册造价工程师、注册结构工程师、注册招标师、注册岩土工程师及城乡规划师等国家注册执业资格者，打造了一支专业化的高素质工程技术和项目管理团队。

重庆赛迪工程咨询倾力服务粤港澳大湾区、成渝双城经济圈、海南自贸区、长三角、雄安新区等重大国家战略区域发展，在全国各地打造一批标杆示范工程。业务覆盖市政、房建、机械、电力、冶金、矿山及其他工业等多个领域，特别是在大型公共建筑工程（体育场馆、文化场馆、会展中心、科技馆等）、市政工程（城市综合交通枢纽、市政道路）、冶金工程、城市轨道交通等方面形成了丰富的经验，业绩遍布国内30多个省并延伸至巴布亚新几内亚、越南、马来西亚、印度尼西亚、玻利维亚、刚果（金）、厄立特里亚等海外国家。服务的众多项目获得了中国建筑工程鲁班奖、土木工程詹天佑奖、国家优质工程奖、中国钢结构金奖、中国安装工程优质奖、中国建筑工程装饰奖、中国市政金杯奖及省部级的"巴渝杯""天府杯""扬子杯""邕城杯""黄果树杯""市政金杯""杜鹃花奖"等奖项，并多次获评国家3A级安全文明标准化工地。

重庆赛迪工程咨询凭借近年来深厚的技术实力、规范严格的管理模式、热情优质的高端服务与强烈的社会责任感，赢得了客户、行业、社会的认可和尊重，自2000年以来，连续荣获住建部、中国监理协会、冶金行业、重庆市住建委等行业主管部门和协会授予的"先进""优秀"等荣誉，连续荣获"全国建设监理工作先进单位""中国建设监理创新发展20年工程监理先进企业""全国守合同重信用单位""全国冶金建设优秀企业""全国优秀设备工程监理单位""行业先锋""重庆市先进监理单位""重庆市招标投标先进单位""重庆市文明单位""重庆市质量效益型企业""重庆市守合同重信用单位""重庆市住房城乡建设领域数字化企业""重庆市监理协会会长单位"等称号，被评为3A级资信等级。

赛迪工程咨询坚持为客户创造价值，做客户信赖的伙伴，尊重员工，为员工创造发展机会，实现公司和员工和谐发展的办企宗旨，践行智力服务创造价值的核心价值观，努力做受人尊敬的企业，致力于成为项目业主首选的、以数字化全过程工程咨询服务赋能工程项目建设的一流工程咨询企业。

（本页信息由重庆赛迪工程咨询有限公司提供）

中央援港应急医院项目和落马洲方舱设施

两江新区龙兴新城智能网联新能源汽车产业园基础设施配套项目

玻利维亚穆通钢铁项目

西部国际博览城

重庆来福士广场

重庆轨道交通1、2、3、5、6、9、10号线及轨道环线

重庆广阳湾重大功能设施工程

西部（重庆）科学城科学会堂

深圳机场卫星厅

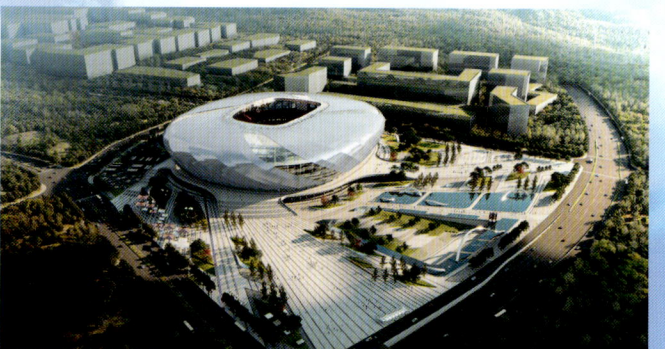
重庆龙兴专业足球场

山西辰丰达工程咨询有限公司

山西辰丰达工程咨询有限公司成立于 2008 年，是一家集投资决策综合咨询、招标代理、工程造价咨询、项目管理、工程监理、PPP 项目咨询于一体的全过程工程咨询服务企业。公司奉行"源于客户需求，止于客户满意"的服务理念，历经十余载艰辛逐步成熟壮大，形成了全过程工程咨询产业链。公司具有工程造价咨询企业甲级资质、工程监理房屋建筑工程专业甲级资质、工程监理市政公用工程专业乙级资质、工程监理电力工程专业乙级资质、工程监理机电安装工程专业乙级资质、人民防空工程建设监理单位丙级资质，取得工程招标代理备案资信、工程咨询单位乙级资信（建筑、市政、农业、林业、公路、生态环境、电子信息、石化、医药专业），通过质量管理体系认证、环境管理体系认证、职业健康安全管理体系认证。

公司自有办公面积 3000m²，拥有先进的办公设备，健全的现代化管理体系，经验丰富、专业配备齐全、技术精湛的工程技术人员 200 余人。其中，中高级职称人员 100 余人，各类注册人员 50 余人：注册造价师 11 人、注册监理工程师 25 人、注册一级建造师 9 人、注册咨询工程师 6 人，为高水平的综合性工程咨询及相关服务提供有力保障。

公司注重科学化、规范化的管理，坚持高质量、优服务、创品牌的管理理念，立足于为客户提供工程建设全过程工程咨询一站式的服务和分阶段专业咨询服务的服务宗旨。具有健全的适应全过程工程咨询服务的组织机构和完善的管理制度、工作流程，为客户提供项目建设的策划与组织管理。以合同管理、信息管理、投资控制、质量控制、工期控制为主线，以全面协调工程建设多方关系的项目管理为主要内容，以现代化管理技术为主导，建立了完善的项目咨询服务成果文件的管理体系、考核体系和完整的管理资料归档建档规定，为客户提供全方位的工作保障。

公司自成立以来，工程咨询服务涉及房屋建筑与市政工程、水利、电力、公路、铁路、园林绿化、矿山、机电等多个行业，投资咨询、工程设计、项目管理、工程监理、造价咨询、招标代理等可提供专业咨询服务。公司以诚信、严谨的工作态度，敬业、进取的专业精神和高效、廉洁的工作作风赢得了社会各界的好评，在业界树立了良好的资信及口碑。

面向未来，公司将继续秉承"诚信、务实、创新、共赢"的企业精神，以"成为工程咨询领域卓越的服务者"为企业愿景，不断提升服务品质，竭诚为客户提供更为专业、规范、高效、廉洁的工程咨询服务，期待与社会各界携手为工程咨询行业的发展贡献力量！

吕梁市经开区人才公寓项目

高平市炎帝大道及高铁站前道路工程

山西中汾酒业投资有限公司 5 万 t 年白酒生产线

忻州市忻府区慕山路项目

保利珑樾项目

旭辉地产柴村城中村改造回迁安置商业

保利王村南街项目

尚风绿谷碳中和环保科技园项目

岢岚县宋长城景区建设项目

保利悦公馆项目

企业法人：王飞
电话：0351-7770720
地址：山西综改示范区太原学府园区亚日街
　　　7 号环亚时代广场 A 座 704 室

（本页信息由山西辰丰达工程咨询有限公司提供）

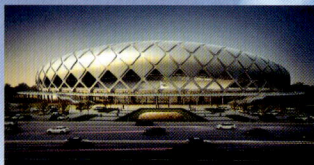

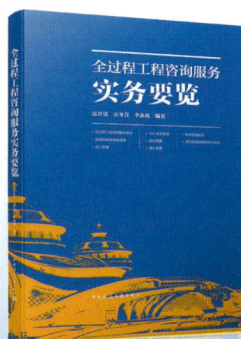
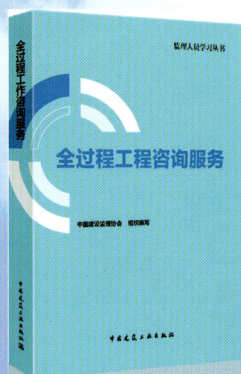